にっぽんのクマ

〔監修〕
東京農業大学教授
山﨑晃司

はじめに
クマの正しい姿を理解する

　みなさんは、クマと聞いてどんなイメージを思い浮かべるでしょうか。童話に出てくるような大きくてやさしい動物、それとも人を見つけるとおそってくるおそろしい動物でしょうか。

　世界にいる8種類のクマのうち、ヒグマとツキノワグマが、それぞれ数十万年前に大陸から日本にやってきました。それ以来、クマたちは日本にずっと暮らしています。一方、日本に初めて人間がわたってきたのは、クマたちよりずっとあとの、旧石器時代と呼ばれる4万～3万年前です。いわば、クマはわたしたちの先輩になります。それから数万年間にわたり、クマとわたしたちとのつき合いは続いています。

　その長い間に、クマとわたしたちとの間には、良いことも悪いこともたくさんあったことでしょう。けれども、この20年の間ほど、クマとわたしたちの間でトラブルが多く起こったことはありませんでした。みなさんもテレビや新聞、インターネットなどを通じて見聞きしていると思いますが、2023年には、これまでになかったほどクマがたくさん出没し、200人以上の人がクマにきずつけられ、その一方で9000頭以上のクマが、人間によりとらえられる事態となりました。

　どうしてそのような事態になってしまったのか、その理由は

少し複雑です。また、残念なことに、みなさんが見たり聞いたりする報道がいつも正しい情報を伝えているとは限りません。最初にみなさんに問いかけたクマのイメージは、こうしたたくさんの情報から、知らず知らずのうちに形づくられていったものではないでしょうか。クマは大きくて力の強い動物で、つねにやさしいわけでも、つねに危険なわけでもありません。

　この本の第1章と第2章では、みなさんに日本のクマについて楽しく学んでもらいたいと思います。続けて第3章では、クマと人間との間でどうしてトラブルが起こるのかという疑問にもふれていきます。みなさんに結論を押しつけるものではありませんが、この本を読むことで、クマについての正しい姿を理解してもらうことにつながり、そして、この先どうしたらよいかを考える、はじめの一歩になれば、本当にうれしく思います。

　数十万年間をこの日本で暮らしてきたクマたちには、この先も生き続けてほしいと願っていますし、そのためには、みなさんをふくめ、たくさんの人があきらめずに知恵をしぼることがとても大切です。ある日、日本の森からクマたちが姿を消してしまったら、森がさびしくなってしまうと考えるのは、きっと、わたしだけではないはずです。

東京農業大学地域環境科学部教授　山﨑　晃司

ツキノワグマ

ヒグマ

にっぽんのクマ

もくじ

はじめに ……………………………… 2

ツキノワグマ／ヒグマ ……………… 4

Part 1 クマってどんな動物

日本に生息するクマ ………………… 10

日本にやってきたクマ ……………… 14

野生と飼育 …………………………… 18

クマという動物 ……………………… 22

大きさ ………………………………… 26

重さ …………………………………… 30

1日の行動 …………………………… 34

1年の活動 …………………………… 36

一生 …………………………………… 38

行動範囲 ……………………………… 42

食べ物 ………………………………… 44

冬眠 …………………………………… 48

出産・子育て ································· 52

誤解されがちなこと ················· 56

専門家に聞いてみよう① 動物園で働く飼育員 ········· 58

Part 2 クマのからだのひみつ

知能・性格 ································· 60

目・鼻・耳 ································· 62

口・歯 ·· 64

足・ツメ ···································· 68

体内 ··· 70

体毛 ··· 72

運動能力 ···································· 76

鳴き声 ·· 80

痕跡 ··· 82

専門家に聞いてみよう② 経験豊かなハンター ········· 86

Part 3 クマと人間がともにいる環境

自然界での立場 ……………………………… 88

人間とのかかわり ……………………………… 90

個体数 ……………………………… 92

環境の変化 ……………………………… 94

街中に現れる理由 ……………………………… 96

被害① 農業・林業 ……………………………… 98

被害② 畜産業・水産業 ……………………………… 102

被害③ 人身 ……………………………… 104

国の取り組み ……………………………… 106

身を守る方法① 出会わないために ……………………………… 110

身を守る方法② 出会ってしまったら ……………………………… 114

駆除 ……………………………… 118

人間との共存 ……………………………… 122

クマが見られる全国の主な動物園 ………… 126〜127

参 考 文 献 ……………………………… 127

※本の中の ツキノワグマ ヒグマ は、その種類のクマの話をしていることを示しています。

Part 1

クマってどんな動物

日本に生息するクマ

どのような種類のクマが日本にいる？

世界のクマ

　日本だけでなく、世界各地には、さまざまなクマがいます。それはジャイアントパンダ、アンデスグマ、ナマケグマ、マレーグマ、アジアクロクマ、アメリカクロクマ、ヒグマ、ホッキョクグマの8種類です。

【世界のクマの分布】

種類	主な生息地
ジャイアントパンダ	中国の西部
アンデスグマ（メガネグマ）	南アメリカ大陸
ナマケグマ	南アジア（ネパール、インド、スリランカなど）
マレーグマ	東南アジア
アジアクロクマ	西アジアから東アジアにかけての一帯
アメリカクロクマ	北アメリカ大陸
ヒグマ	ユーラシア大陸の西部、北極圏、東アジア、北アメリカ大陸
ホッキョクグマ	北アメリカ大陸の北部、ユーラシア大陸の北部、北極圏

ヒグマ

アメリカクロクマ

アンデスグマ

パート1　クマってどんな動物？

2種類のクマ

　8種類のクマのうち、日本には2種類が生息しています。アジアクロクマの亜種（より細かく分けた種類のこと）とされる「ニホンツキノワグマ」（上の画像）と、ヒグマの亜種とされる「エゾヒグマ」（下の画像）です。

　ツキノワグマは、胸にある白い模様が三日月に見えることに由来するとされ、エゾヒグマの「エゾ」とは、北海道の昔の名前である「蝦夷」に由来します。

日本のクマの分布

　ツキノワグマは本州（千葉県を除く）と四国を合わせた37都府県に、ヒグマは北海道の約半分の地域に生息しています。もともと九州にもツキノワグマが生息していましたが、1957年に死がいが発見されたのを最後に、その姿は目撃されていないため、2012年に環境省が「九州地方のツキノワグマは絶滅したと考えられる」と発表しています。

　また、四国に生息するツキノワグマはわずか20頭前後と推測されていて、このままでは四国に生息するクマがいなくなるのではないかと考えられています。

ヒグマは北海道だけに生息している一方、ツキノワグマは本州の広い地域に生息している。

※環境省「クマ類、カモシカの生息分布調査の結果について」の添付資料をもとに作成

日本にやってきたクマ

いつごろ、どのようにしてやってきたか？

クマの祖先

日本列島には現在、ツキノワグマとヒグマが生息しています。しかし、どちらも最初から日本列島に生息していたわけではありません。

今から2000万年前、クマの祖先にあたる動物がいました。その一部がさまざまな地域へと移り、その土地でそれぞれ適応し、現存している8種類のクマになっていったと考えられています。

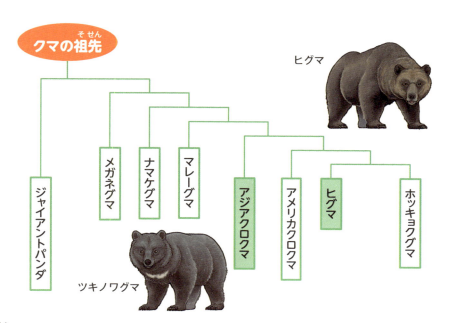

大陸から日本へ①

　今から50万〜30万年前、地球全体の気温はとても低い状態でした。この時代のことを氷河時代といいます。気温が低いことで地球の海面は低下し、今は海で隔てられている朝鮮半島と日本列島は、当時は陸続きでした。

　このとき、朝鮮半島から九州北部にツキノワグマが移動してきました。その後、やはり陸続きになっていた本州、四国にもツキノワグマはわたり、やがて青森県の下北半島にまで生息域を広げていきました。

大陸から日本へ②

ヒグマ

　ヒグマは、ツキノワグマとことなるルートで、大陸から樺太（サハリン）を経由して、北海道にやってきました。
　北海道に生息しているヒグマは、「道南地方」「道東地方」「道央・道北地方」のそれぞれでことなるグループであることがわかっています。
　道南地方のヒグマは約26万年前に、道東地方のヒグマは約16万年前に、道央・道北地方のヒグマは約5万年前に、それぞれ北海道にやってきたと考えられています。

2種類が争った？

ヒグマは現在、北海道にしか生息していません。しかし、じつは、数万年前まで、本州にもヒグマは生息していました。本州の各地でヒグマの化石が見つかっているのが証こです。その化石を調べたところ、本州にかつて生息していたヒグマは、北海道に生息しているヒグマよりも体が大きく、より肉を食べていたことがわかっています。

本州に生息していたヒグマが絶滅した理由には、いくつかの説が考えられています。そのなかには、氷河時代が終わって地球の気温が上昇したことで、本州の植物相（一定の地域に分布している植物の種類）が変わり、ヒグマにとっては良い生活環境ではなくなってしまったという説もあります。

もっとしりたい！　2種類のクマと古代の人間

本州に人間がいたという最古の痕跡（何かをしたことによって残る跡のこと）は、3万5000年ごろのものとされています。つまり、そのころの本州には、ツキノワグマ、ヒグマ、そして人間がいっしょにいたということになります。

野生と飼育

自然で暮らしているクマと飼われているクマのちがいは？

飼育される理由

日本の動物園で飼育されているクマの多くは、もともとは野生のクマや、その子どもです。母グマが捕獲されたり、母グマとはぐれてしまったりした子グマが、保護されて動物園へとやってきます。

子どものときに保護されたクマが、野生にもどるのはとてもむずかしく、寿命がつきるまで飼育されることになります。

しかし、クマは体が大きくなるうえ、人間に危害を加えるおそれがあ

ることから、動物園で飼育できる数は限られています。そのため、子グマが保護されても、受け入れてくれる動物園が見つからない、というケースも少なくありません。

食事のちがい

野生のクマと動物園のクマのちがいを、まずは食べ物から見ていきましょう。

野生のクマは、季節や生息している場所に応じて、植物を中心に昆虫や動物など、さまざまなものを食べています（くわしくは44〜47ページ参照）。

動物園のクマは、野菜や果物、クマ用のペレット（ドッグフードのように加工されたクマ用のエサ）など、ある程度決まったものを、決まった時間に食べます。

冬の生活のちがい

野生のクマは、秋にたくさん食べて脂肪をたくわえておき、食べ物が少ない冬に穴などにこもって眠る習性があります（くわしくは48〜51ページ参照）。

同じように、秋にしっかりとエサを与えて冬眠させる動物園もあれば、毎日エサを与えて冬眠させない動物園もあります。

19

寿命のちがい

　じつはクマだけでなく、動物園などで飼育された動物のほうが、寿命が長くなる傾向にあります。

　その主な理由として、栄養のある食べ物を毎日食べられて、病気やケガをしたときには治療をしてもらえるからです。

　ツキノワグマの寿命は野生では多くの場合、15〜20歳ですが、動物園では30歳をこえることもあります。ヒグマの寿命は多くの場合、野生では20歳くらいですが、とある動物園によれば、38歳まで生きたという記録があります。

　一般的には、メスのほうが長生きします。

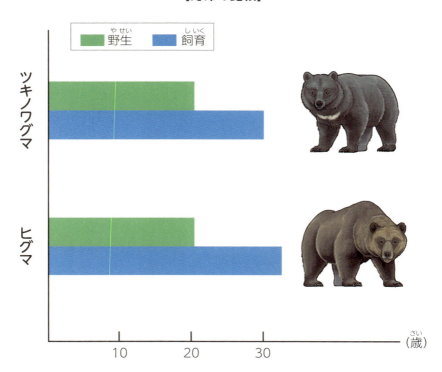

【寿命の比較】

どちらが幸せ？

クマは動物園で飼育されるほうが「幸せなのかもしれない」と思った人もいるかもしれません。それについては、行動をくらべて考えてみましょう。

野生のクマは食べ物や異性を探して広い範囲を歩き回る、木に登るなど、さまざまな行動をとります。

一方、動物園のクマは移動できる範囲がせまく、野生のクマにくらべてできることも少ないといえるでしょう。そのため、ストレスを感じ、「同じ場所をぐるぐる動き回る」「同じ動きをくり返してしまう」ことがあります。これを常同行動といいます。

これらのことなどから、クマは野生のなかで寿命をまっとうすることが、一番幸せなのではないでしょうか。

クマという動物

どんな動物の仲間で、どんな特徴がある？

動物の分類①

　さまざまなものを特徴ごとに分けて整理することを「分類」といいます。動物もさまざまに分類されていて、そのなかのひとつでは、人間とクマは「ほ乳類」という同じグループに属しています。

【5つの分類】

鳥類

ほ乳類

両生類

魚類

は虫類

動物の分類②

　ほ乳類は、さらにいくつものグループに分類され、クマはそのなかの「食肉目クマ科」に属します。食肉目に分類されるのは、主に肉食動物です。

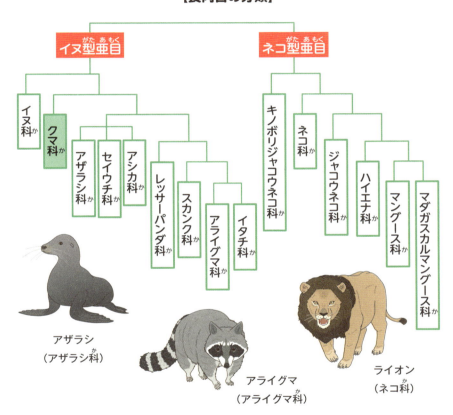

【食肉目の分類】

- イヌ型亜目
  - イヌ科
  - クマ科
  - アザラシ科
  - セイウチ科
  - アシカ科
  - レッサーパンダ科
  - スカンク科
  - アライグマ科
  - イタチ科
- ネコ型亜目
  - キノボリジャコウネコ科
  - ネコ科
  - ジャコウネコ科
  - ハイエナ科
  - マングース科
  - マダガスカルマングース科

アザラシ
（アザラシ科）

アライグマ
（アライグマ科）

ライオン
（ネコ科）

もっとしりたい！　アナグマはクマではない

　日本には、「クマ」と名前がつく動物として「ニホンアナグマ」がいますが、「イタチ科」に分類され、クマではありません。ただ、アナグマは「穴を掘る」「穴の中で生活をするクマに似た動物」ということから名づけられたともいわれています。

肉も植物も食べる

　食肉目に属するほとんどの動物は、肉を食いちぎり、固い骨を砕くために歯を発達させてきました（くわしくは64～67ページ参照）。

　ところが、クマは肉だけでなく、植物も食べられるように進化してきました。肉や植物の両方などを食べることを「雑食」といい、クマは雑食性の動物です。

　その結果、クマはさまざまな環境に適応できるようになり、生息地を広げていくことができたのです。

クマと草食動物

　植物は、肉類とくらべて消化しにくい食べ物です。そのため、草食動物の歯は植物をすりつぶしやすい形をしていたり（くわしくは65ページ参照）、ウシやヤギなど一部の草食動物は胃が4つあったりと、植物を消化してエネルギーに変換しやすいしくみになっています。

　しかし、もともと肉食だったクマは、草食動物のようなしくみをもっていません。そのため、植物を消化してエネルギーにうまく変換する能力が、草食動物にくらべて高くありません。その分、たくさんの量を食べることで、不足する消化の能力をおぎなっています。

人間の歩き方と同じ!?

クマは人間やサルと同じく、かかとを地面につけて歩きます。これを「蹠行性」といいます。この歩き方をする動物は速く走ることはできませんが、二本足で安定して立ち上がることができ、前足を器用に動かすことができます。

同じ食肉目のイヌやネコは、足先だけを地面につけ、かかとをあげた歩き方で「趾行性（指行性）」といいます。蹠行性の動物のように、安定して立ち上がることはできない代わりに、速く走ることができます。

蹄（ツメ）のあるウマやシカの歩き方は、「蹄行性」といいます。指先のツメだけが地面につくこの歩き方も、速く走ることができます。

〈蹠行性〉

後ろ足で安定して立てる

〈趾行性〉

〈蹄行性〉

大きさ

人間やほかの動物などとくらべて大きさのちがいは？

生き物によって、どこからどこまでを「体長」（体の長さ）とするかはことなります。

人間の場合、２本の足で立ったときの足の裏側から頭のてっぺんまでの長さが体長（身長）です。

クマの場合は、四つ足で立っている状態で、鼻先から尾の先のほうまでの長さを体長（全長）としています。

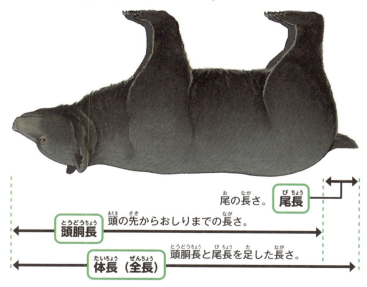

尾の長さ。　尾長
頭の先からおしりまでの長さ。　頭胴長
頭胴長と尾長を足した長さ。　体長（全長）

イヌ
(中型〜大型)

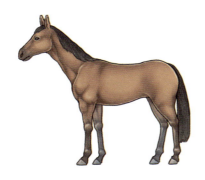

ウマ
(サラブレッド)

ツキノワグマ

体長	
オス	メス
120〜150cm 程度	100〜130cm 程度

ヒグマ

体長	
オス	メス
150〜200cm 程度	140〜170cm 程度

パート1 クマってどんな動物？

27

体高

　体長ともうひとつ、クマの大きさをくらべるために基準とされるのが、「体高」です。

　これは、クマが4本の足で立っているとき、地面に接している前足の裏側から肩のとび出ている部分までの高さのことを指します。

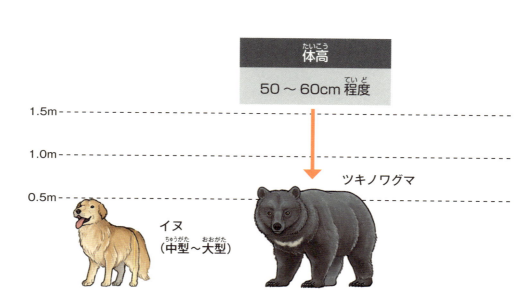

体高
50～60cm程度

ツキノワグマ

イヌ
（中型～大型）

クマは人間と同じように、2本の足でうまく立ち上がることができる動物です。それでは、ツキノワグマとヒグマが2本の足で立ったとき、人間の身長とくらべるとどうでしょう。

　ツキノワグマは人間の子どもとそれほど変わりませんが、大きなヒグマになると、人間の子どもの2倍くらいの高さがあります。

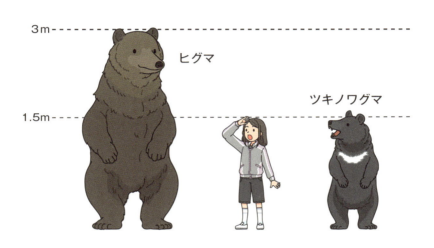

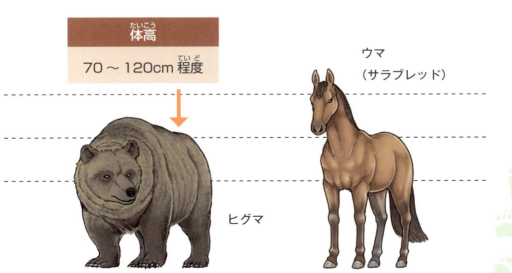

重さ

人間やほかの動物などとくらべて重さのちがいは？

重さくらべ

　ツキノワグマが、人間でいう大人（成獣）とされる年齢は4歳以上です。成獣となったときの体重は、オスが50〜120キログラム（kg）程度、メスが40〜70キログラム程度と、個体ごとにことなります。

大きなヒグマの重さは、グランドピアノ1台分程度の重さに相当する。

約250kg

一方、ヒグマが成獣とされる年齢は4〜6歳です。成獣となったときの体重は、オスが150〜250キログラム程度、メスが100〜150キログラム程度と、個体ごとにことなります。

日本に生息する野生動物のなかでも、比較的に大きいのが、イノシシとシカです。イノシシは50〜150キログラム程度、シカ（ニホンジカ）は50〜130キログラム程度です。ヒグマはそれらよりも重く、日本で最も体重の重い陸上の野生動物です。

もっとしりたい！ 日本で最重量のクマ

北海道苫前町の郷土資料館には、「北海太郎」と名づけられたヒグマのはく製が展示されています。このヒグマは「幻の巨熊」と呼ばれていて、地元のハンターが8年かけてしとめました。日本国内で確認されたなかでも最大級のヒグマとされていて、その体重は約500キログラムもあったそうです。

小さなツキノワグマと、小学校高学年の平均体重はあまり変わりないが、大きなツキノワグマの場合は約4倍も重い。

パート1 クマってどんな動物？

大人になるまでの体重

　クマの赤ちゃんは母グマが冬眠中に生まれます（くわしくは52〜53ページ参照）。生まれたときの体重は数百グラムしかなく、人間の赤ちゃんよりも軽い体重です。

　母グマの冬眠が明けて、冬眠している場所から出るときには、体重が数キログラムにまで成長しています。

　その後、子グマは母グマとともに過ごし、1歳半〜2歳半で母グマと別れて活動するようになります。このころには数十キログラムまでになっており、成獣になったあともとくにオスは体重が増えていきます。

冬眠前後の体重

クマは冬眠する動物です（くわしくは48〜51ページ参照）。冬眠する前にはたくさんの食べ物を食べます。冬眠中（3〜7カ月の間）は何も食べないため、冬眠の前後では体重が大きく変化します。

年齢や性別、生息している場所によって差はありますが、冬眠している間に体重が20〜40パーセントくらい減るとされています。たとえば、冬眠に入る前の体重が100キログラムだった場合、冬眠から明けたときの体重は60〜80キログラムということになります。

〈冬眠前〉
秋は、冬眠に備えて体重が一番重くなる。

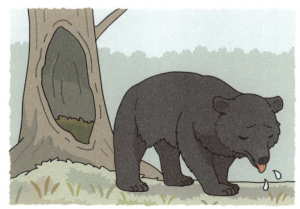

〈冬眠明け〉
冬眠が明けたころ、体重が大きく減っている。しかし、最も体重が減るのは8月ごろになる。

1日の行動

どんなふうに1日を過ごしているのか？

 活動する時間帯

　クマは夜に活動する「夜行性」の動物と思われがちですが、普段は日中に活動し、夜間は休む「昼行性」の動物です。まだ薄暗い早朝や夕方に、活発に動く個体がとくに多いといわれています。
　ただ、人里に下りてくるときは、人間と出会わないように活動時間を夜にずらすクマもいることが確認されています。

とくに早朝と夕方ごろに食べ物を探すなど活発に活動している。

午前1時～午前4時ごろまでぐっすりと眠っている場合が多い。

四季ごとの1日の活動

　クマが活動する時間は季節によっても変わります。冬眠から目覚めたばかりの春はあまり動かず、1日中寝たり起きたりをくり返します。
　夏は気温がまだ低い早朝や夕方に活動し、気温が高い時間帯は寝て過ごすため、1日の活動時間は繁殖期とくらべて減ります。
　秋は冬眠に備えて、昼だけでなく普段は休んでいる夜にも活動し、寝る間をおしんでひたすら食べ物を探し続けます。
　そして、秋の終わりごろになると、急激に活動時間は減っていき、やがて春まで冬眠します。

パート1　クマってどんな動物？

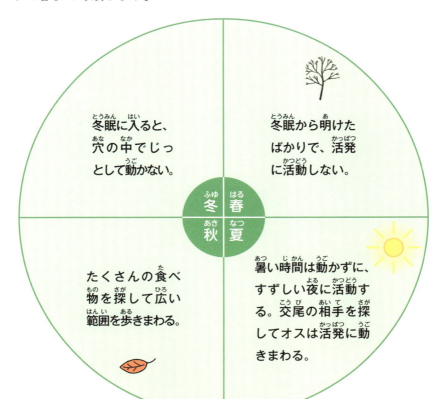

- 冬：冬眠に入ると、穴の中でじっとして動かない。
- 春：冬眠から明けたばかりで、活発に活動しない。
- 秋：たくさんの食べ物を探して広い範囲を歩きまわる。
- 夏：暑い時間は動かずに、すずしい夜に活動する。交尾の相手を探してオスは活発に動きまわる。

1年の活動

四季ごとにどんなふうに過ごしているのか？

   四季ごとの活動

　クマの季節ごとの活動は、食べ物が多いか少ないか、季節ごとにどんな食べ物があるかで大きく変わります。

　また、初夏に繁殖期（オスとメスが出会って交尾をする時期）をむかえ、冬に冬眠します。

〈春〉
冬眠から目覚めておなかを空かせており、食べ物を求めて活発に動く。主に植物や動物の死がいなどを食べる。

〈夏〉
オスは交尾する相手（メス）を探してあちこち移動する。1年のうちでも食べ物が少ないため、植物のほかに昆虫なども食べる。

もっとしりたい！ 端境期にクマの被害が増加

1年のうち、クマによる農作物への被害が最も多いのが、端境期と呼ばれる6〜9月ごろです。この時期は植物が最も少なくなり、食べ物が不足すると、クマは人間が生活する場所までやってくることがあるのです。

【クマ(成獣)の1年】

春	夏	秋	冬
	繁殖期		
冬眠			オス／冬眠
冬眠			メス／冬眠・出産

〈秋〉
冬眠に向けて、食べ物を探しまわるため、1日の活動時間が長くなる。とくにドングリなどの木の実を食べる。

〈冬〉
冬眠中は、飲まず食わずで春がくるまで過ごす（くわしくは48〜51ページ参照）。出産したメスは、飲まず食わずで子育てをする。

一生

生まれてから命がつきるまでの生活は？

  母グマから学習する

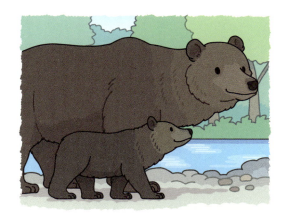

　生まれた子グマ（ツキノワグマは1年半、ヒグマは1～2年半）は、母グマといっしょに活動し、その間に生きていくために必要なことを学びます。たとえば、食べ物がある場所や、木の登り方などです。

　そのうち母グマが繁殖期をむかえると、母グマとはなれて、子グマは単独で生活するようになります（くわしくは55ページ参照）。

　単独で生活するようになった子グマは、数年で大人（成獣）になります。ツキノワグマのオスは2～4歳で、メスは4歳くらいで、ヒグマのオスは2～4歳、メスは3～4歳くらいです。クマにとって大人になるということは、子どもがつくれる体に成長したことを意味します。

成長して大人になる

　繁殖期になると、オスは交尾の相手となるメスを求めて歩きまわります。時にメスをめぐり、オス同士ははげしく争います。オスは特定のメスだけでなく、繁殖期は複数のメスと交尾します。

〈オス〉

〈メス〉

繁殖期を終えたオスは、冬眠に備えて食べ物を探す。冬眠中は1頭で過ごす。

妊娠したメスは、冬眠に備えて食べ物を探す。冬眠中に出産し、子育てをする。

子グマの死亡率

クマが命を落とす確率が一番高い時期は、0歳のときであることが知られています。これには、大人のオスのクマが関係しています。

繁殖期をむかえた大人のオスは、交尾の相手となるメスを探しまわります。しかし、子グマを連れている母グマは、オスとの交尾を受け入れません。そこで、その母グマが連れている、別のオスとの間に生まれた子グマを殺そうとします（子殺し）。時には、その子グマを食べてしまうこともあります。

このほかにも、食べ物が足りずに栄養状態が低下し、飢えて命を落とす子グマも多くいます。

【生後半年での子グマの生死（ツキノワグマを例に）】

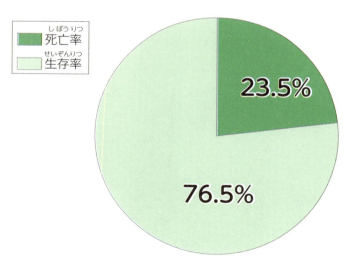

調査結果によると、生まれてから半年の間に、4分の1近くの子グマが命を落とす。

※研究成果「メスの野生ツキノワグマの一生を探る～個体群レベルの繁殖と死亡を定量的に評価～」を参考に作成

一番多い死因

　クマの寿命については、20ページでも説明しました。ただし、森のなかでクマの死がいが見つかることはほとんどないため、野生のクマがどのようにして死んでしまったかはよくわかっていません。

　一般的には、病気やケガによるもの、老衰（年をとって体がおとろえて寿命がつきること）や、オスによる子殺し（別のオスの子ども）や、クマ同士の共食いなどがあげられます。しかし、日本におけるクマの一番多い死因は、人間の手によるもの（くわしくは118~121ページ参照）と考えられています。

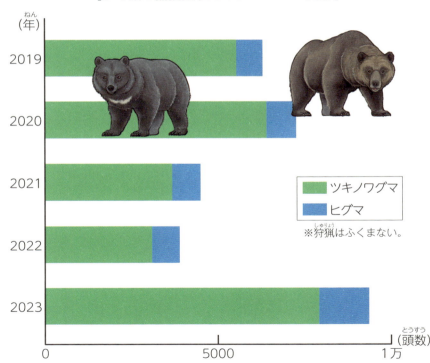

【クマ類の捕獲数（2019～2023年度）】

※環境省自然環境局「出没情報・人身被害件数・捕獲数」のクマの許可捕獲数を参考に作成

行動範囲

どんなところに生息し、どれくらい移動するのか？

  ## 食べ物で変わる行動範囲

　クマは、基本的には森林に生息しています。ただ、行動する範囲は、食べ物の量によって変わります。食べ物がたくさんある地域では行動範囲がせまくなり、食べ物が少ない地域では行動範囲が広くなります。

　また、クマはなわばり（テリトリー）をもたないため、ほかのクマと出会っても、食べ物が原因で争うことはほとんどありません。

〈クマの場合〉　〈ほかの動物の場合〉

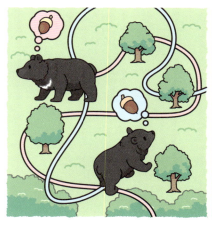 

クマはなわばりをもたず、なわばりをめぐり争わない。

行動範囲のちがい

　ツキノワグマは、ブナやミズナラなどの落葉広葉樹林がある、森林の面積率が高い地域にたくさん生息しています。個体や生息地によって行動範囲にばらつきがありますが、オスが200平方キロメートル（km²）以上、メスが50〜100平方キロメートルという記録があります。

　ヒグマも主に森林に生息していますが、雑草や背の低い木が生えた草原や荒れ地などに姿を現すこともあります。調査データによると、オスは9〜12月の間に直線距離で約70キロメートル、面積で495平方キロメートルもの行動範囲があることがわかっています。

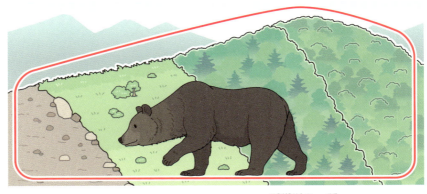

ツキノワグマよりも、ヒグマのほうが行動範囲が広い。

食べ物

どんなものを、1日どのくらい食べている？

さまざまな食べ物

クマは、ライオンやオオカミなどと同じ、主に動物の肉を食べる食肉目の仲間です。しかし、動物の肉のほかにも、さまざまなものを食べる雑食性で、食べ物の9割は植物であることがわかっています。

【植物】

さまざまな植物の木の実だけでなく、茎や葉っぱ、花も食べる。

【動物】

アリやカブトムシの幼虫などの昆虫のほか、魚なども食べる。

季節ごとの食べ物

野生のクマは、季節にあわせてさまざまなものを食べています。どんなものを食べるのか見てみましょう。

【ツキノワグマ】

春	夏
植物の新葉や新芽／花／前の秋に落ちたドングリなどの木の実／シカの死がい	植物の実や葉／アリやハチなどの昆虫／サワガニなどの生き物
秋	冬
ドングリなどの木の実	冬眠中は何も食べない

【ヒグマ】

春	夏
植物の新葉や新芽／花／ドングリ／シカの死がい	植物の実、葉、根など／アリやハチなどの昆虫
秋	冬
ドングリなどの木の実を中心に、サケやマスなどの魚	冬眠中は何も食べない

パート1 クマってどんな動物？

45

1日に必要なカロリー

わたしたちがスーパーなどで食品を買ったとき、その袋には「エネルギー○○（数字）キロカロリー（kcal）」などと表示されているはずです。これは、生き物が活動するにあたって、どれくらいのエネルギーがこの食品を食べることで得られるかを表しています。

野生のツキノワグマが1日に食べる量は、季節によって大きくことなります。冬眠から明ける春は約2000キロカロリーです。夏にあたる6〜8月は約500キロカロリー分しか食べません。ところが、冬眠する前の10月には、約5000キロカロリー分も食べるといわれています。

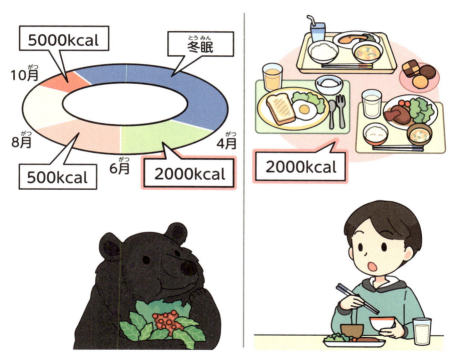

クマが1日にとるカロリーが、小学生高学年の子どもが1日にとるカロリーと変わらない時期もあれば、その2倍以上のカロリーを食べる時期もある。

1日に食べる量

「ツキノワグマ」　「ヒグマ」

野生のクマが1日にどれくらいの量を食べるのか、正確なことはわかっていません。動物園で飼育されている、ツキノワグマとヒグマを例に見てみましょう。

茨城県の日立市かみね動物園には、2頭のツキノワグマ（オス16歳、メス25歳）と、2頭のヒグマ（ともにメス26歳）が飼育されています。

最も食欲がある秋には、ツキノワグマが1500～2000グラム、ヒグマが2500～3500キログラムほどのエサを1日で食べています。これを、おにぎり（コンビニのおにぎりは1個あたり約110グラム）に置きかえて考えると、ツキノワグマは多くて約18個、ヒグマは多くて約32個のおにぎりを1日で食べていることになります。

野生のクマは自然のなかを、食べ物を探して動きまわっていることから、飼育されているクマよりも多い量を食べていることでしょう。

もっとしりたい！ 甘いものが好きで苦いものは苦手？

ツキノワグマもヒグマもドングリが大好きですが、甘いものも大好物です。ただ、どのクマも甘いものが好きというわけではありません。辛いもの、苦いものについてはほとんどのクマが苦手なようです。

冬眠

どうして冬眠をして、冬眠中は何をしている？

🍃 体温が大きく変化する動物 🍃

　生き物には、周りの気温によって体温が変わる「変温動物」と、ほぼ同じ体温を保てる「恒温動物」がいます。

　変温動物は、冬になって気温が下がると、それに合わせて体温が下がり、活動しづらくなり眠っている状態（休眠状態）になります。これが「冬眠」です。

　基本的に恒温動物は、気温が下がっても体温が下がらないため、冬眠しません。ところが、クマは気温が下がると冬眠します。

恒温動物	変温動物	
ほ乳類	魚類	は虫類
鳥類	両生類	昆虫

クマのほかに、リスなど一部の小型のほ乳類も冬眠する。

冬眠中の体温

　クマが冬眠をする理由は、食べ物が少ない冬を乗りこえるためです。主に植物を食べるクマにとって、冬は食べ物を手に入れることがむずかしく、起きて活動していたら食べ物がなくて飢えてしまいます。そのため、秋にたくさん食べて体に脂肪をたくわえ、冬はその脂肪をエネルギーに変えながら眠って過ごします。

　クマが冬眠する期間は、数カ月から長ければ半年以上におよび、その間、クマは何も口にしません。

　また、起きているときの平均体温が38℃のシマリスが、冬眠中は5～6℃まで体温が下がるように、冬眠中の動物の体温は大きく下がります。しかし、クマは冬眠中でも体温はあまり下がりません。

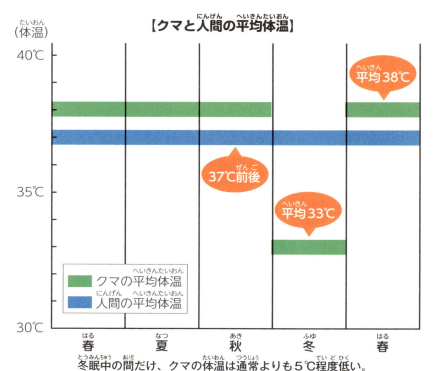

冬眠中の間だけ、クマの体温は通常よりも5℃程度低い。

冬眠の別の名前

　冬眠中のクマは食べ物や水をまったく口にせず、フンや尿もしません。ただ、ぐっすり眠っているわけではありません。近くで物音がしたら飛び起きてにげられるくらいの浅い眠りで、クマの冬眠は「冬ごもり」と呼ばれることもあります。

冬眠する場所

　ツキノワグマは、木のうろ（空洞）や根の下、岩穴などにこもり、冬眠することが知られています。冬眠に使う穴はさまざまです。自身の体がすっぽり入る大きな穴を使うクマもいれば、おしりがはみ出すサイズの穴を使うクマもいます。
　その一方、ヒグマは地面に穴を掘り、その中で冬眠します。
　妊娠しているメスグマは、冬眠中に子どもを産みます。子グマはフンや尿をしますが、母グマがなめてきれいにするため、巣穴は清潔に保たれています。

〈ツキノワグマ〉　　　〈ヒグマ〉

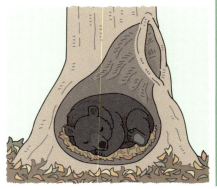

冬眠中のクマの体

人間の場合、長い間、寝ていたり何も食べないでいたりすると、筋力が低下したり骨がもろくなったりして、歩けなくなってしまいます。一方で、クマは数カ月もの間ほとんど動かずにいても、筋肉や骨が弱くなることがありません。その秘密は、クマの体に秘められた特別なしくみが備わっているからです。

冬眠中のクマは、秋にたくわえた脂肪がエネルギーに変わったときに出るはずの尿を体内に再吸収して、筋肉のもとになるたんぱく質をつくりだしています。そのため、冬眠の途中に起きることになっても、冬眠から目覚めてもすぐに山のなかを走り、歩きまわることができます。

〈冬眠中〉　　　　**〈冬眠明け〉**

もっとしりたい！　クマの冬眠が時期の名前に

日本には、季節や時期を表す言葉がたくさんあり、なかには、クマにまつわるものもあります。毎年12月12〜15日ごろを指す、「熊蟄穴」もそのひとつです。その名のとおり、クマが冬眠するほど寒い時期を表す言葉です。

出産・子育て

いつ出産して、子育てをする？

  子グマが生まれるまで

　大人のクマは、初夏（6〜7月）に繁殖期（オスとメスが出会って交尾をする時期）をむかえます。クマは、通常は1頭で過ごしますが、繁殖期には、相性のよいオスとメスとがいっしょに過ごします。
　やがて、2頭は交尾し、その年に子どもが生まれます。

【繁殖期（夏）】
オスがメスを探しまわり、相性がよいと、しばらくの間、ともに過ごす。

【出産期（冬）】
オスはメスのもとを去る。
冬眠中にメスは出産する。

52

子グマの成長

妊娠したメスは、冬眠中の1〜2月に子どもを産みます。

　ツキノワグマの場合、1回の出産で生まれる子どもの数は1〜2頭で、1頭あたりの体重は300グラム程度です。ヒグマの場合、1〜4頭（通常は2頭）で、1頭あたりの体重は420グラム程度です。

　冬眠が明けるまで、母グマは何も食べず、母乳を与えて子グマを育てます。赤ちゃんグマが母乳を飲むのは3カ月程度ですが、その間にツキノワグマは2〜3キログラム程度、ヒグマは3〜10キログラム程度まで体重が増えます。

生まれてからしばらくは、人間の赤ちゃんのほうが大きい。

母グマの最大の敵

　春になると、冬眠していた穴の中から母グマと子グマが出てきて、母グマが子育てを始めます。父親であるオスのクマは繁殖期に別れたきりで、子育ては母グマだけで行います。

　季節が初夏となり、繁殖期をむかえると、大人のオスのクマが大人のメスのクマを探してあちこちを歩きまわり、複数のメスと交尾をしようとします。

　ところが、子グマを連れた子育て中の母グマは、オスと交尾をしようとしません。すると、母グマと交尾をするのにじゃまだからと、子グマを殺してしまうオスもいます。

　このように、子育てをしている母グマは、オスをはじめとするさまざまな危険から子グマを守ろうとしていて、とてもイライラした気持ちになっています。そのため、人間が子グマを連れた母グマと出会ってしまったときは、とくに注意が必要です。

子グマとの別れ

ツキノワグマのメスは出産から1年半くらいの間、ヒグマのメスは出産から1～2年半くらいの間、子育てを行います。その間に、母グマから食べ物の取り方や危険から身を守る方法など、子グマは生きていくために必要なことを教わります。

子グマが生まれてから2回目の夏をむかえるころ、母グマの繁殖期のおとずれとともに、親子は別れ、以後、それぞれ別々に暮らしていくことになります。これを「子別れ」といいます。

子別れののち、メスの子グマは母グマの近くで暮らしますが、オスの子グマは遠くはなれたところで暮らすようになります。

もっとしりたい！ クマの親子をもとにした民話

マタギ（くわしくは90～91ページ参照）の間では、「イチゴ落とし」という子別れにまつわる話が伝わっています。その内容は、母グマがキイチゴのなる場所に子グマを連れていき、子グマがキイチゴに夢中になっているうちに、母グマが子グマの前からいなくなるという話です。

誤解されがちなこと

クマにいだいているイメージは本当？

すぐにおそってくる？

　クマと出会った場合、必ず「おそってくる」と思っている人が多いかもしれません。しかし、多くのクマは臆病な性格で警戒心が強く、むしろ人間のことをこわがります。そのため、たとえ出会ったとしても、クマが急におそいかかってくることは少ないでしょう。

　ただ、クマが「自分の身があぶない」と感じた場合や、人間に興味をもった場合、おそってきたり、近寄ってきたりすることがあります。

　また、子グマを連れている母グマには、とくに注意が必要です。子育て中はとても神経質になっているため、子グマを守ろうとして、出会った人間をおそうことがあるからです。

> ツキノワグマ

🍃 ハチミツが大好物？ 🍃

> ヒグマ

「クマが大好きな食べ物は？」と聞かれたら、世界的に有名なクマのキャラクターが、おいしそうにハチミツをなめる姿を思い浮かべる人もいるのではないでしょうか。

たしかに、ハチミツが大好きなクマもいます。ですが、個体ごとにそれぞれ好みがあって、ハチミツが大好物なクマもいれば、ハチミツよりも好きな食べ物がたくさんあるクマもいます。

パート1 クマってどんな動物？

🍃 サケが大好物？ 🍃

> ヒグマ

サケをくわえた木彫りのクマを見たことがある人もいるでしょう。これを見て、「クマはサケが大好き」と思っている人は多いのではないでしょうか。

実際に、日本で最もサケをつかまえやすい自然環境が整っている北海道の知床半島に生息するヒグマは、サケやマスを好んで食べます。

57

専門家に聞いてみよう①

動物園で働く飼育員 Q&A

ふだんからクマに接している
飼育員に話を聞きました。

日立市かみね動物園　飼育員
山下 裕也さん

Q 現在、動物園では何頭のクマを飼育しているのでしょうか？

A 2頭のツキノワグマ、2頭のヒグマを当園では展示しています。2頭のツキノワグマとも、もとは野生で暮らしていて、動物園で保護し、飼育するようになりました。

Q 限られたスペースでクマを飼育するうえで、何に気をつけていますか？

A ただエサをあげるだけだと、クマが退屈でストレスを感じるかもしれません。そこで、落ち葉の下にエサを入れるなど、野生に近い行動を引き出す工夫をしています。

Q 幼少期から同じ環境で飼育していて、個体差はあるのでしょうか？

A 初めて見せた物や聞き慣れない音への反応がちがいます。いっしょに展示しているヒグマのうち、1頭はイチゴやブドウを真っ先に食べますが、もう1頭は食べません。

Q 展示しているクマの、注目してほしい点を教えてください。

A 映像では伝わりづらい、実物ならではの迫力が動物園ではガラス越しで間近に感じられます。来園者向けに、エサやり体験も行っていて、活発に動くクマが見られます。

Part 2

クマのからだのひみつ

知能・性格

どのくらいのことを理解して覚えている？

イヌよりも高い知能

一般的に、クマの知能は高いとされています。

学習能力や記憶力もすぐれていて、目で見たものや、においをかいだもの、食べたものなど、みずから経験したことを覚えていて、食べ物を探すときにその記憶を役立てているようです。

その知能の高さを裏づけるように、アメリカの動物園で行われた実験によって、アメリカクロクマ（10〜11ページ参照）が、物の数を数えられる可能性があることがわかっています。

ヒグマについては「イヌと霊長類（人間をふくむサルの仲間）の間くらいの知能がある」と表現されることもある。

主な性格

基本的に、クマは臆病で用心深く、こわがりです。そのため、多くのクマは人間の気配を感じるとにげていきます。

ただし、一部のクマ、とくに若いクマは強い好奇心をもっていて、人間に対するこわさよりも興味が上回ると、近づいてきたりします。人間がその場を立ち去ろうとしても、後をつけてくることもあります。

そして、食べ物に対して、とても強い執着心をもっています。一度その場所に食べ物があることを覚えると、同じ場所に何度も現れるようになります。ほかにも、人間が持ちこんだ食べ物の味を一度覚えると、人間がその食べ物を持っていると記憶し、食べ物を手に入れようと人間をおそうようになることもあります。

〈臆病〉　〈用心深い〉　〈好奇心が強い〉　〈執着心が強い〉

目・鼻・耳

視覚・嗅覚・聴覚はどの程度なのか？

  人間よりすぐれた嗅覚

　クマは嗅覚（においを感じる能力）と聴覚（音を聞く能力）がよく、とくに嗅覚はとてもすぐれているといわれています。しかし、実際にどのくらい感覚がすぐれているのかは、研究されていますが、まだよくわかっていません。

ツキノワグマ 目・鼻・耳①

人間には聞きとれない高い音や、低い音も聞きとれるくらいすぐれている。

色を見分けることは苦手だが、形を見分ける力や動体視力は、人間と同じかそれ以上だといわれている。

犬よりもすぐれているとされ、数キロメートル先のにおいもかぎつけられるとされる。

目・鼻・耳② ヒグマ

とてもよく、音に敏感。小さな物音でも聞きとれるといわれている。

昼でも夜でも自由に行動できるくらいの視力がある。

とてもすぐれていて、土の中にあるもののにおいもかぎつけられる。食べ物を探すときにも、においで判断する。

口・歯

口の中はどうなっているか？

口の中の構造

動物は食べるものによって、「肉食動物」「草食動物」「雑食動物」に大きく分けられ、それぞれ発達している歯はことなります。

主に動物の肉を食べるライオンやオオカミなどの肉食動物は、獲物をつかまえたり、戦ったりするときに使う「犬歯」と、肉や骨を引きさくための「裂肉歯」が発達しています。

そして、あごの関節が上下にしか動かないため、かみつかれた獲物はなかなかにげられません。

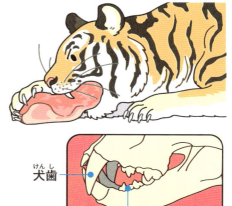

犬歯
裂肉歯（臼歯）

もっとしりたい！ 歯を見れば年齢がわかる

木を輪切りにすると年輪と呼ばれる輪っかのような模様があります。この輪の数を数えると、木の年齢がわかります。クマをはじめとしたほ乳類の、歯の根元の部分が年輪にあたり、そこから野生のクマでも何歳か知ることができるのです。

植物を食べるウシやウマなどの草食動物は、植物を食いちぎるための「門歯」、口に入れた植物をすりつぶすための「臼歯」が発達しています。あごの関節は上下だけでなく、左右にも動かすことができて、植物をすりつぶしやすい構造をしています。

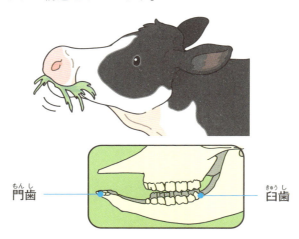

　そして、肉も植物も食べるクマやサルなどの雑食動物の歯は、肉食動物と草食動物の中間のような形をしています。あごの関節は主に上下に動きます。

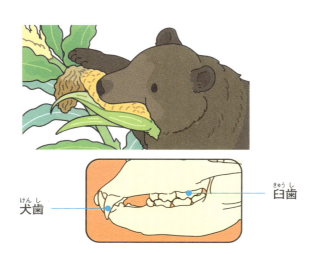

歯の役割

ツキノワグマ　ヒグマ

　クマの口の中には、人間（成人の歯は28〜32本）より10本ほど多い、42本の歯が生えています。

　そのなかでも一番目立つのは、上下に2本ずつ生えている犬歯でしょう。大きく先がするどくとがっていて、木の実をとるために枝をかんで折るときや、獲物をかんでにがさないようにするとき、または物をかんで運ぶときなどに使われます。

　クマの臼歯も、平べったい形をしていて、固い食べ物をすりつぶしたり、砕いたりします。

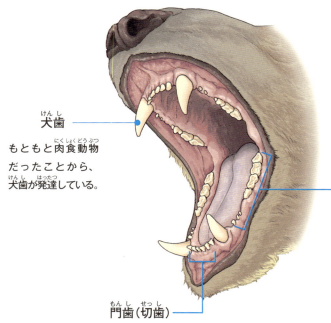

犬歯
もともと肉食動物だったことから、犬歯が発達している。

前臼歯＋臼歯
植物なども食べるようになったため、臼歯も発達している。

門歯（切歯）
主に食べ物をかみ切る役割がある。

かむ力はどれくらい？

クマは、人間よりはるかにかむ力が強い動物です。人間のかむ力ではなかなか割れない、固いクルミの殻を簡単にかみ砕けるのはもちろん、うすい鉄板に穴が開くほどのかむ力があります。

クマの頭蓋骨を見てみると、かむための筋肉がとおる頬骨弓（70ページ参照）という部分がとても大きく発達していて、横幅が広いことがわかります。

足・ツメ

足とツメをどのように使うのか？

足とツメ①

ツキノワグマは木登りが得意です。

木以外でも、ツメを立てられるものであれば、うまく登ることができます。

〈表側（前足）〉

〈裏側（前足）〉
足の長さは16センチメートル、幅は10センチメートル程度。

長さ3〜4センチメートルくらいの、するどいツメが生えている。

足とツメ②

ヒグマ

ヒグマも木登りはできますが、穴掘りのほうが得意です。大きくて幅の広い前足と長いツメをうまく使って、冬眠するための巣穴を掘ることもあります。

パート2 クマのからだのひみつ

〈表側（前足）〉

長さ5〜8cm程度のするどいツメが生えている。

〈裏側（前足）〉

長さは22センチメートル以上、幅が13.5センチメートル以上あると、大人のオス、それ以下だと大人のメスや若いオス。

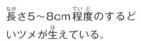

69

体内

体の中はどのようになっているか？

骨格

クマは人間と同じく、ほ乳類に属していて、体のつくり（骨格）も似ています。体を支え、内臓を守っている、骨を見てみましょう。

〈主な骨の部位（ヒグマを例に）〉

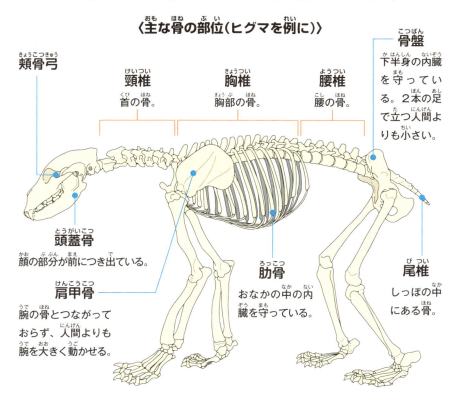

頬骨弓（きょうこつきゅう）

頸椎（けいつい） 首の骨。

胸椎（きょうつい） 胸部の骨。

腰椎（ようつい） 腰の骨。

骨盤（こつばん） 下半身の内臓を守っている。2本の足で立つ人間よりも小さい。

頭蓋骨（とうがいこつ） 顔の部分が前につき出ている。

肩甲骨（けんこうこつ） 腕の骨とつながっておらず、人間よりも腕を大きく動かせる。

肋骨（ろっこつ） おなかの中の内臓を守っている。

尾椎（びつい） しっぽの中にある骨。

内臓

全身に血液を送る「心臓」、呼吸をするのに必要な「肺」、食べ物の消化にかかわる「胃」「腸」「肝臓」など、クマにも人間と同じ内臓があります。

そして、主に食べるものによって、内臓の形や長さにちがいがあることが知られています。

〈主な内臓(ヒグマを例に)〉

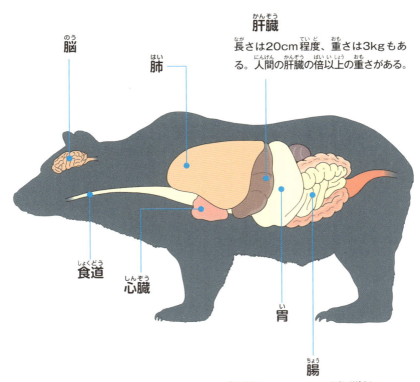

脳

肺

肝臓
長さは20cm程度、重さは3kgもある。人間の肝臓の倍以上の重さがある。

食道

心臓

胃

腸
雑食性だが、もともと肉食動物のため、草食動物とくらべて腸の長さは短い。

体毛

体から生えている毛の役割と機能は？

毛皮の役割

　ほ乳類の多くは、クマのように、びっしりと生えた毛が生えた皮ふ（毛皮）で全身がおおわれています。
　毛には「皮ふの保護」「体温を維持する」などの役割があります。
　わたしたち人間も全身に毛が生えていますが、クマのようにびっしりとは生えていません。そのため、人間は気温の変化に合わせて、衣服を着こなしているのです。

気温が低下しても、全身がたくさんの毛でおおわれたクマは平気。

毛の生えかわり

クマの全身は、固くて長い上毛（刺毛）とやわらかい下毛（綿毛）におおわれています。このうち、綿毛が生えかわることを「換毛」といい、生えかわる時期を「換毛期」といいます。ツキノワグマは7月から9月、ヒグマは5月ごろから7月が換毛期です。

暑い季節が近づくと綿毛がぬけ、寒い季節が近づくと綿毛がたくさん生えます。綿毛と綿毛の間は、皮ふの体温（熱）がにげにくいしくみになっています。

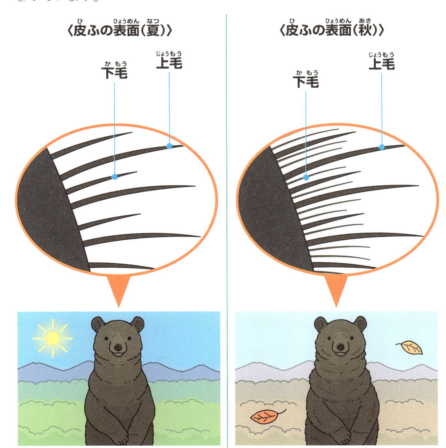

〈皮ふの表面（夏）〉　下毛　上毛

〈皮ふの表面（秋）〉　下毛　上毛

パート2 クマのからだのひみつ

体毛①

　ツキノワグマの毛色はほぼ黒色ですが、胸の一部に白い毛があります。この部分が「三日月」のような模様に見えることから、「ツキノワグマ」という名前がつけられました。

　この模様は個体ごとに大きさや形にちがいがあり、個体を見分けるときの目印とされています。ただ、なかには模様のない個体もいます。

三日月の先の部分が胸元で途切れている。

三日月の先の部分が首の横のほうまでのびている。

体毛②

ヒグマの毛色は、茶色や黒色のほか、金色や銀色、白っぽい色などさまざまです。なかには、ツキノワグマのように、首のまわりに白い月の輪のような模様があるヒグマもいます。

顔から首にかけての部分の毛が金色になっている。

頭部の一部の毛は金色だが、全体的には毛は黒い。

もっとしりたい！ 古くから利用されてきた毛皮

クマの毛皮は敷物などとして、日本をはじめ、世界各地で昔から使用されてきました。現代でも、クマの毛皮を加工して、腰当てや尻当てなどの敷物として売られています。クマの毛皮は水を通さないため、雨でぬれた地面の上や、雪の上に敷いて使っても、お尻が冷たくなりにくいそうです。

パート2 クマのからだのひみつ

運動能力

どのような動きを得意としているか？

大きな体で木に登る

自然のなかで活動するクマは、とても高い運動能力をもっています。
たとえば、100キログラム（kg）や200キログラムもの大きな体でも、器用に足を使って木に登り、とても急な斜面も難なく登っていきます。
実際には、どれくらいの能力なのかこれから見ていきましょう。

ツキノワグマ

腕力

ヒグマ

全身の筋肉が発達しているなかでも、クマの肩の筋肉はひときわ発達しています。そのため、急な斜面や切り立った岩山はもちろん、木にも登ることができます。

とくに前足の手前に引く力が強く、重さ500キログラム程度のものまで動かせるほどです。それに、ガラスを砕いてしまうほどのパンチ力があります。

500kg
（大型の冷蔵庫5台分）

十数kg
（学校の机といす）

パート2 クマのからだのひみつ

77

走る速さと持久力

　ツキノワグマは時速40〜50キロメートル程度、ヒグマは時速55〜65キロメートル程度で走ることができます。人間で最も速く走った世界記録（2009年の記録）をもつジャマイカ出身のウサイン・ボルト選手でも、100メートル（m）を9秒58（時速37キロメートル程度）です。つまり、世界一速く走れる人間よりも、クマは足が速いということがわかります。

クマと人間が50メートル走をした場合、クマが50メートルを走りきったとき、人間は25メートルくらいの位置を走っていることになる。

　クマの持久力については、くわしくわかっていませんが、ヒグマが時速20キロメートル程度の自動車を1分以上追いかける姿が目撃されています。時速20キロメートルといえば、普通の自転車をこぐよりも速く、人間が全速力で走れるのは40秒程度とされています。

泳ぐ能力

　個体によっては100キログラム以上もの体重があるクマですが、水浴びが好きで、泳ぎがとても上手です。

　実際に、日本の各地で、川や湖などで泳ぐクマが目撃されています。大きな犬が泳いでいるのかと思ってよく見たら、「クマだった」ということも少なくありません。

　2018年には、ヒグマが北海道の本土から、約20キロメートルも離れたところにある北海道の利尻島まで、海を泳いでわたったという報告もあります。

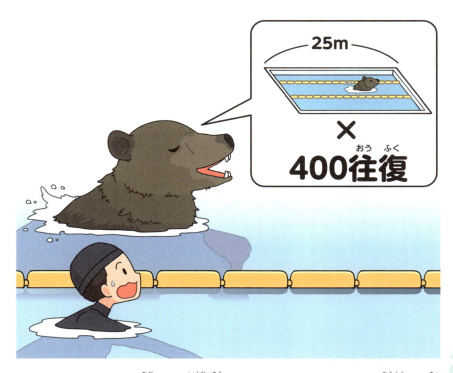

20キロメートルという長さは、小学校の25メートルプールを400往復する距離に相当する。

鳴き声

どんなときに、どのような声で鳴く？

  鳴き声でコミュニケーション

　イヌやネコの鳴き声は、聞いたことがあるでしょう。しかし、クマの鳴き声を聞いたことはないのではないでしょうか。

　そもそも、基本的にクマはあまり鳴くことがなく、鳴き声についてわかっていないことが多い動物です。けれども、クマ同士でコミュニケーションをとるときのほか、母グマが子グマを呼ぶときや、敵と認識した生き物を威嚇するときなどに、さまざまな声で鳴くことが確認されています。

　たとえば、クマが仲間とコミュニケーションをとるときは、「コッコッコ」という、空気をふくんだような鳴き方をします。

もっとしりたい！ クマの語源はその鳴き声？

「クマ」という言葉の由来はいくつかあります。たとえば、クマが穴にひそむことから、「暗いところにいる獣」という意味の隈獣からクマと名づけられたというのも、そのひとつです。そして、クマの鳴き声が「クマックマッ」と聞こえ、そこから「クマ」という言葉ができたという説もあります。

うなり声

クマは何かに警戒しているときは「カッフカッフ」「コフコフ」などの声を、相手を威嚇するときは「ウオー」「グオー」「フー」などの声をひびかせます。

さらに、歯をカツカツと鳴らす、口の中からポンポンと音を出す、足を地面にすりつけて音を立てるなど、鳴き声以外にも音を発して威嚇することもあります。

  ## 子グマの鳴き声

子グマは大人のクマより声が高く、母乳を飲んでいるときやリラックスしているときは「ククククク」「ググググ」と聞こえる、「ささ鳴き」と呼ばれる声で鳴きます。

ほかにも、人間の赤ちゃんのように「オギャー」と鳴くこともあれば、牛のように「モーモー」と鳴くことがあります。この鳴き声をしているときは、母グマが近くにいる可能性が高いようです。

痕跡

どのような痕跡があるのか？

  クマが近くにいたかわかる

　野生のクマは、さまざまな痕跡を残しています。痕跡とは、「何かをしたことによって残る跡」のことです。どんな痕跡があるのか知っておけば、クマと出会う確率を低くすることができます。

ツキノワグマ  体毛 ヒグマ

　クマの仲間は性別や年齢を問わず、木に頭や体をごしごしこすりつける「背こすり」という行動をとります。

　背こすりをする理由は、はっきりとはわかっていませんが、皮ふ腺からの分泌物を使ってほかのクマとコミュニケーションをとる、皮ふにいる寄生虫をとるため、体がかゆいためなど、さまざまな説があります。

 ツキノワグマ　ツメ跡

　木に登るのが得意なツキノワグマは、木に登るときと降りるときにツメを立てるため、その跡が木に残ります。

　ほかにも木には、「クマはぎ」（101ページ参照）の痕跡が見つかることもあります。

足跡

クマの足跡は、5本の指とツメ、肉球の形が残るのが特徴です。

日本の山に生息するほかの動物の足跡とくらべてみると、キツネやタヌキにも肉球はありますが、足跡に残る指の数は4本です。シカやイノシシには肉球がないため、足跡の形がまったくことなります。

クマの足跡は、人間の足跡と形は似ていますが、ツメの跡があるかないかで見分けることができます。

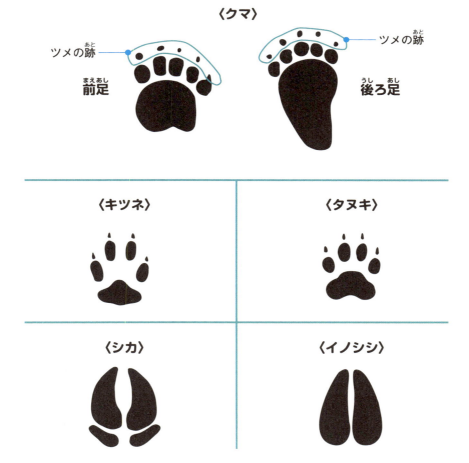

食痕

食事をしたときに残る跡を「食痕」といい、クマの食痕として「クマ棚（円座）」が知られています。クマ棚とは、クマが果実や新芽を食べるときに木に登り、枝を折って手元にたぐり寄せ、枝の先についているものを食べたときにできる枝のかたまりのことです。食べるものが多い木には、たくさんのクマ棚ができます。

そのほかにも、自然のハチの巣を食べようとして木の枝を折ったり、アリを食べるために岩をひっくり返した跡など、さまざまな場所に食痕を残します。

フン

フンも、近くにクマがいる・いたことを知るための痕跡のひとつです。クマのフンは俵型で太く、人間の握りこぶしくらいの大きさで地面に落ちています。

たとえば、ツキノワグマのフンの大きさは直径10センチメートル程度、重さは500グラム程度です。

クマが食べたものによって、フンの色や形は大きくことなりますが、基本的に食べたもののにおいがします。

専門家に聞いてみよう②

経験豊かなハンター Q&A

長年、野生のクマと向きあう
ハンターに話を聞きました。

群馬県みなかみ町のハンター
高柳 盛芳さん

Q どれくらいの間、ハンターとして活動されているのでしょうか？

A 50年以上になります。ハンターだけでは生活ができないので、店も経営しています。ほとんどのハンターが、わたしと同じように、別に仕事をもっています。

Q 一人前のハンターになるには、どのくらい期間が必要なのでしょうか？

A 最低でも10年はかかります。師匠のもとで、罠をしかける場所を学び、射撃の練習などをします。クマをはじめ、狩猟する対象の生態をよく知ることも重要です。

Q クマをはじめ、野生動物の駆除の依頼は多いのでしょうか？

A わたしは町の駆除隊で活動していて、ほぼ1年中、依頼があります。農家の人が育てる果物や野菜のほか、最近は田んぼの米を食べるクマまで現れるようになりました。

Q 危険な目に何度もあったと思います。ハンターは引退されないのでしょうか？

A 何度もあります。ですが、クマなどの野生動物の被害を受け、困っている農家の人を守りたいという思いから、これからもハンターとしての活動は続けていきます。

Part 3

クマと人間がともにいる環境

自然界での立場

自然のなかでどんな役割を果たしているか？

日本の森の生態系

　自然のなかで暮らす生き物は、「食べる」「食べられる」という、まるで鎖でつながれたように固定された関係で成り立っています。この関係を「食物連鎖」といい、下の図のように表されます。基本的に上にいる生き物ほど数が少なく、下にいる生き物ほど数が多くなっています。

　生き物が自然界で活動するあり様を「生態」といい、下の図のことを「生態ピラミッド」といいます。

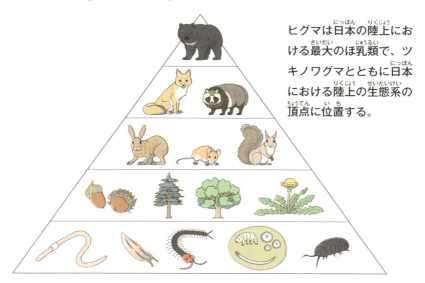

ヒグマは日本の陸上における最大のほ乳類で、ツキノワグマとともに日本における陸上の生態系の頂点に位置する。

天敵がいない

　かつて、日本の本州から九州まで生息していたニホンオオカミはツキノワグマの、北海道に生息していたエゾオオカミはヒグマの子の天敵だったと考えられています。

　しかし、両方のオオカミとも絶滅してしまったため、現在の日本にはクマの天敵はいません。

フンから木が育つ？

　クマは生態系の頂点でありながら、積極的にほかの動物をおそって食べたりしないため、クマの存在は生態系に大きな影響を与えることはありません。

　ただ、クマは自然界において、大きな役割をもっています。それは、植物の種子を森のあちこちにまくことです。クマが果実を食べてフンをすることで、その種子が遠くに大量にまかれ、森にさまざまな植物が育っているのかもしれません。

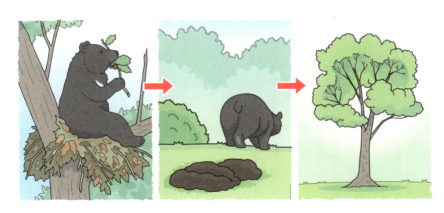

フンの中に消化されず残っていた種子が成長して木になる。

人間とのかかわり

日本人は古くからクマとどうつき合ってきたのか？

クマの形をしたもの

　さかのぼること、今から4000〜3000年前、縄文時代と呼ばれる時代の後期につくられたものとされる土製品（土でつくられた造形物）として、クマをかたどったものが見つかっています。これらの土製品は、何かの儀式などに使われていたとも考えられています。

マタギとツキノワグマ

　「マタギ」とは、東北地方を中心に、クマをはじめ、ノウサギやシカなどの野生動物を伝統的な方法で狩猟していた人や組織のことです。そして、つかまえた動物の毛皮や脂（脂肪）、内臓などを売って生活していました。
　マタギは、「クマは山の神からの授かり物」として、しきたり（ルールのこと）を守りながら暮らしていました。ところが、明治時代に狩りに関する法律が定められると、クマの胆のうや毛皮が売れなくなるなど、さまざまな事情から後継者が減っていき、現在では数えられるくらいしかマタギはいません。

アイヌ民族とヒグマ

　アイヌ民族とは、主に北海道の先住民族です。古くからヒグマを狩り、その肉や毛皮などを余すことなく利用してきました。

　アイヌ民族は自分たちの生活に深く関わる動物などをカムイ（神）と位置づけていました。そのなかでも、ヒグマのことはキムンカムイ（山の神）と呼び、特別な存在としてうやまっていました。そこで、春になると、狩猟で母グマを捕獲し、子グマを村に連れ帰り、1～2年かけて大切に育ててから神の世界に送るという儀式「イオマンテ（イヨマンテ）」を行っていました。

もっとしりたい！　クマの内臓が薬に!?

　クマの内臓のなかでも、胆のうは、「熊胆」「クマの胆」と呼ばれ、古くからあらゆる病気に効くとして、高価な薬とされてきました。実際、熊胆には、肝臓を守る成分などが含まれていることが科学的に証明されていて、現在でも、一部の胃腸薬などには熊胆が原料として利用されています。

個体数

数は増えている？減っている？

個体数の変化

　ヒグマは北海道だけに生息していることもあり、生息数を調べやすく、その結果が公表されています。
　この調査結果をもとにすると、2022年時点で北海道に生息するヒグマは約1万2200頭と推定されています。

【ヒグマの個体数の調査結果】

※北海道庁の調査結果をもとに作成

1990年とくらべ、2022年のヒグマの数は2倍以上に増えているとされる。

ツキノワグマの個体数

　ツキノワグマの生息数は、1960年代には約9500頭、2007年には1万6000頭と推計されていました。ただし、2010年に環境省の生物多様性センターが発表したところによると、1万3000頭〜3万頭という推計を出していますが、正確な生息数はわかっていません。

　ただ、ツキノワグマが増えているのはたしかなようです。環境省が2003年と2018年のツキノワグマの分布域を調査して比較したところ、約1.4倍に拡大したことがわかっています。

  ## 出没件数

　じつは1970年代まで、クマの生息数は減少していました。すると、クマの絶滅を心配され、1970年代に捕獲（有害捕獲を除く）と、西日本を中心とした各県で狩猟が禁止されます。

　ところが、2000年ごろから各地で出没するクマの増加を受けて、国はクマが増えすぎないように管理する方針を対策に加えました（くわしくは106〜109ページ参照）。

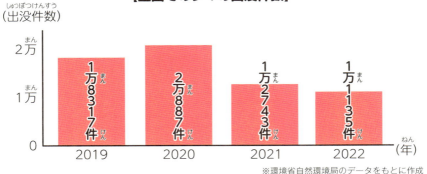

【全国でのクマの出没件数】

※環境省自然環境局のデータをもとに作成

少ないときでも1万件以上、多いときで2万件以上の出没が確認されている。

環境の変化

人間の暮らしの変化で生息地はどう変わった？

　かつての日本には、人間が住む場所（人里）と深い山（奥山）、そしてその間に「里山」と呼ばれる人間の手が入った土地が多くありました。
　里山では、燃料となる薪や炭をつくるため、その原料となる木が適度に切られていました。このほかに、人間は焼畑や草地もつくりました。すると、木々の減った里山の見通しがよくなり、里山を管理する人間と出会うことをおそれ、クマは里山に近づこうとしませんでした。里山は人間が生活する場所と、クマが生息する地域とを隔てる土地となっていたのです。

(ツキノワグマ)  ## 減少する里山 (ヒグマ)

　人間とクマを隔てていた里山でしたが、現在、急速にあれはています。薪や炭が燃料として使われなくなり、里山は放置されるようになったからです。

　かつて里山だった土地には木々が増え、クマと人を隔てていた里山の役割が失われ、クマが人里にまで現れるようになっています。

(ツキノワグマ) ## 人間の都合で変わってきた森のようす (ヒグマ)

　クマが街中に現れるようになったのは、里山だけが原因ではありません。人間が活動範囲を広げたことや、森のなかのようすが変わったことも理由のひとつです。

　人間はかつて住宅地をつくるなどして、クマが生息していた森林を切り開きました。また、もともとの広葉樹の森を、木の実をつくらないスギやヒノキなどの人工の針葉樹の森に植えかえました。最近では、太陽光発電などの施設をつくるため、あちこちの山で木々が切られています。

　こうして森のようすが変わり、そこで取れる食べ物が不足するような年には、クマは食べ物を求めて、住宅地に現われることがあります。

街中に現れる理由

どうして山から下りてくる？

 ツキノワグマ 出没が多い時期 ヒグマ

夏に食べ物が不足したことのほかに、クマが街中に現れるのは、秋の間の主食であるドングリなどの木の実が不作で、食べ物が足りなくなるからです。

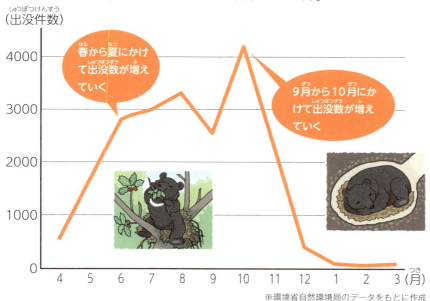

【1年の出没件数の変化（2022年）】

春から夏にかけて出没数が増えていく

9月から10月にかけて出没数が増えていく

※環境省自然環境局のデータをもとに作成

秋が深まると、冬眠に備え、クマは食べ物を探して行動範囲を広げる。

主食が不作だと……

クマの大好物である木の実は、数年置きにたくさんの実がなる豊作と、あまり実がならない不作をくり返します。木の実が不作の年には、クマが食べ物を求めて、ふだん活動している範囲よりも広い範囲を移動するようになるため、住宅地に現れる可能性が高まります。

都市型のクマ

本来は山奥に生息するクマですが、なかには、住宅地の近くの山林に生息し、たびたび住宅地までやってくるクマもいます。近年はこのようなクマを「アーバンベア」（都市型のクマ）と呼ぶようになっています。

もっとしりたい！ 冬に現れるクマ

クマは、食べ物が少なくなる冬に冬眠します。しかし、なかには冬眠しないクマもいます。このようなクマを猟師の間では「穴持たず」ともいわれています。そのほかにも、母グマを失った「孤児グマ」や、冬の間に巣穴を変えるクマもいます。

パート3 クマと人間がともにいる環境

被害①
農業・林業

農作物などへの影響はどれくらいあるか？

農作物への被害

クマは雑食性で、植物を中心にさまざまなものを食べる動物です。本来の好物は、森の木々になるドングリなどの木の実です。

【野生動物ごとの農作物への被害額（2022年度）】

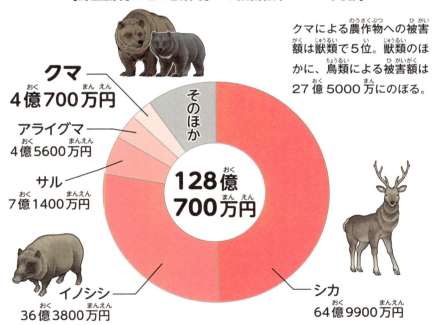

クマによる農作物への被害額は獣類で5位。獣類のほかに、鳥類による被害額は27億5000万にのぼる。

- クマ 4億700万円
- アライグマ 4億5600万円
- サル 7億1400万円
- イノシシ 36億3800万円
- シカ 64億9900万円
- そのほか
- 128億700万円

※農林省「全国の野生鳥獣による農作物被害状況（令和4年度）」をもとに作成

しかし、人間が育てた農作物（野菜や果物など）は、クマにとってはごちそうです。そのため、山から下りてきたクマに農作物が食べられる被害が、全国各地で発生しています。

　ツキノワグマとヒグマによって被害を受ける農作物はことなります。

　ツキノワグマでは、トウモロコシ、柿、栗、リンゴなどです。一方、ヒグマでは、トウモロコシ、テンサイ、メロン、スイカ、稲などの被害が多くなっています。

　人間が食べる農作物だけでなく、家畜のエサである飼料作物のトウモロコシ（デントコーン）も多くの被害を受けています。

  被害を受けないための対策①

　農作物への被害を防ぐ方法として、ふれると感電して痛みを感じる電気柵を、畑を囲むようにして設置することが有効です。

　電気柵にふれたクマが痛みを感じるのは一瞬のことで、それでクマがケガをしたり、気を失ったりすることはありません。知能の高いクマは「これにふれると痛い」ということを学習し、電気柵に近づかなくなります。

ツキノワグマ　　ヒグマ

林業への被害

　日本は国土のうちの67パーセントが森林です。そのため、木を切って、建物に使用する木材などに加工する産業が、昔からさかんでした。

　ただ、木を切ってばかりいると、森がなくなってしまいます。そこで、木を切るだけでなく、木を植えて育てることで、森がなくならいよう管理をしています。これが林業です。

　クマによる林業への被害も無視できません。2023年度のクマによる森林の被害面積は457ヘクタール（ha）におよびます。これは、サッカーコート（フィールド）約653個分の広さに相当します。

　ただし、被害面積が一番大きいのは、シカによるものです。次はノネズミで、それに次ぐのがクマによる被害です。

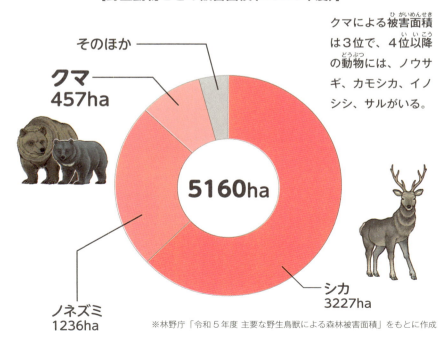

【野生動物ごとの被害面積（2023年度）】

そのほか
クマ 457ha
5160ha
ノネズミ 1236ha
シカ 3227ha

クマによる被害面積は3位で、4位以降の動物には、ノウサギ、カモシカ、イノシシ、サルがいる。

※林野庁「令和5年度 主要な野生鳥獣による森林被害面積」をもとに作成

被害を受けないための対策②

パート3 クマと人間がともにいる環境

クマによる林業へのさまざまな被害のなかで、一番大きいのが、ツキノワグマが前足や口を使って木の皮をはいでしまう「クマハギ」です。

クマが木の皮をはいでしまう理由は、木の皮の下にある甘皮と呼ばれる部分を食べるためです。

クマに皮をはがされた木を見てみると、甘皮を門歯でこそげとったあとが残っています。

クマハギのある木をそのままの状態で放置していると枯れてしまう場合が多く、枯れなかったとしても木材としての価値が大きく下がってしまいます。

とくに建物の木材として利用されるスギやヒノキなどの針葉樹がクマハギの被害にあっていることから、クマは林業にも深刻な影響を与えています。

クマハギへの対策としては、テープやロープ、ネットなどを木に巻いてクマが木の皮をはぎにくくする方法や、クマがいやがる薬剤を木の幹にぬるという方法があります。

クマハギへの対策

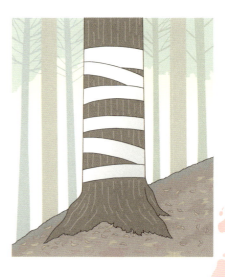

被害②
畜産業・水産業

畜産物などへの影響はどれくらいあるか？

畜産業への被害

　畜産業を営む人々は、ウシやブタ、ニワトリなどの家畜を育てて、食用の肉や牛乳、卵などを生産しています。そうした人々から、ウシやブタ、ニワトリなどがクマにおそわれたという報告や、家畜のエサがクマに食べられたという被害が報告されています。

　畜産業には、ミツバチを飼ってハチミツを生産する養蜂もふくまれています。養蜂では、クマにミツバチの巣箱をこわされる、ハチミツやハチの子が食べられるといった被害が出ています。そのため、電気柵などを設置するなどの対策をとる必要があります。

数十頭もの牛がおそわれる

2019年7月16日、北海道標茶町のオソツベツの牧場にて、1頭の乳牛の死がいが見つかりました。この牛をおそったとされるヒグマは、"オソ"ツベツと、地面につけられた足跡の幅が18センチメートルあったことから「OSO18」というコードネームがつけられました。

その後もOSO18によると思われる被害が続きます。わなをしかけてもつかまらず、設置された監視カメラにもほとんど映らないため「忍者」と呼ばれ、牧場の人や町の人を不安にさせていました。

しかし、2023年7月30日に北海道釧路町仙鳳趾村でOSO18はついに捕獲され、駆除されました。最終的に、OSO18におそわれた牛の数は66頭にのぼるとされています。

水産業への被害

海や川、湖などからとれたものを水産物と呼び、この水産物を育てる施設にもクマの被害が出ています。

ニジマスやヤマメなどの魚を養殖する施設にクマがやってきて、生きた魚や死んでしまった魚はもちろん、魚のエサまで食べてしまいます。

そのため、クマが侵入できる場所に死んだ魚や魚のエサなどを放置しない、電気柵などを設置するなどの対策をとる必要があります。

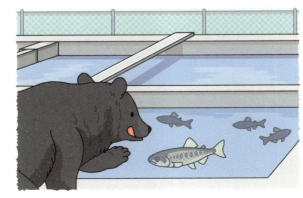

被害③ 人身

どうして、人間をおそうのか？

自身や子グマを守るため

クマは基本的に臆病な性格で、普通は人間の存在に気づくと、ひっそりとその場から立ち去ります。

しかし、おたがいの存在に気づかずに出会ってしまうことがあります。すると、クマはおどろいてパニック状態となり、人間をおそい、ケガをさせてしまうこともあります。

また、54ページで説明したように、子グマを連れた母グマは神経質で、子グマを守ろうとして人間におそいかかることがあります。

とくに若いヒグマは人間のことを知らなかったり、好奇心が強かったりするために、興味本位で人間や人間が住んでいる場所に近づいてくる場合もあります。

人をおそう個体

クマのなかには、人間を食べ物とみなして、おそってくる個体もいます。もともと人間を食べるつもりではなかったクマが人をおそい、その味を覚えてしまうと、以後、人を食べる対象としてしまうのです。こうしたクマは「人喰いグマ」と呼ばれます。ただし、人喰いグマとされるのは、クマ全体の0.05％（1万頭中5頭）しかいません。

危険な人喰いグマはなるべく早く、駆除する必要があります。

【クマによる人への被害（1980〜2020年）】

ツキノワグマ	ヒグマ
被害者が100人を超えた年	被害者が4人以上の年
8回	7回
合計の被害者	合計の被害者
負傷者：2277人／死者：40人	負傷者：73人／死者：20人

※環境省自然環境局「クマ類の出没対応マニュアル－改定版－」をもとに作成

1980年から2020年までのデータによると、ツキノワグマによる被害者のほうが圧倒的に多い。ただし、ヒグマによる被害者のほうが死亡率は高い。

国の取り組み

国は野生動物にどんな対策をしているか？

  クマは狩猟鳥獣

　日本に生息している野生動物は、「鳥獣保護管理法」という法律で保護されていて、許可なくつかまえたり、飼ったりすることはできません。
　ただ、野生動物のうち48種は「狩猟鳥獣」に指定されていて、「決められた場所」「決められた期間」「決められた方法」を守れば、特別な免許（狩猟免許）をもっている人に限り、つかまえてよいことになっています。この免許をもち、狩猟ができる人を「ハンター」といいます。

【狩猟鳥獣48種】

鳥類28種	獣類20種

↓ 主な対象動物

ツキノワグマ	ヒグマ
イノシシ	タヌキ
キツネ	アライグマ
アナグマ（ムジナ）	ハクビシン
ニホンジカ（ホンシュウジカ／エゾシカなどをふくむ）	

ツキノワグマもヒグマも、この狩猟鳥獣に指定されている。

現在の法律ができるまで

江戸時代から狩猟に関するルールは存在しましたが、明治時代には「野生動物を保護する」という観点から狩猟に関する法律が定められました。

戦後の1963年には、野生動物の保護に加え、人に危害を加える野生動物の駆除などについて定めた「鳥獣保護法」という法律が成立しました。

そして2014年、野生動物を保護するだけでなく、管理することを目的とした「鳥獣保護管理法」という法律が成立しました。

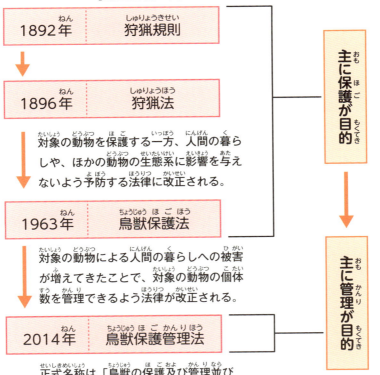

【野生動物に関する日本の法律】

1892年　狩猟規則

1896年　狩猟法

対象の動物を保護する一方、人間の暮らしや、ほかの動物の生態系に影響を与えないよう予防する法律に改正される。

1963年　鳥獣保護法

対象の動物による人間の暮らしへの被害が増えてきたことで、対象の動物の個体数を管理できるよう法律が改正される。

2014年　鳥獣保護管理法

正式名称は「鳥獣の保護及び管理並びに狩猟の適正化に関する法律」という。

主に保護が目的

主に管理が目的

指定管理鳥獣

クマが人里へ下りてくることで、さまざまな被害が相次いで発生しています。しかも、食べ物が不足したり、個体数が増えたりすることによって、クマの行動範囲は広がっていくと考えられています。

そのため鳥獣保護管理法にもとづき、2024年4月にクマ類（ツキノワグマ・ヒグマ）は、「指定管理鳥獣」に指定されました。ただし、個体数の少ない四国に生息するツキノワグマは、指定管理鳥獣の対象外とされています。

〈指定管理鳥獣（主な獣類）〉

野生動物による農作物などへの被害が深刻になると、その被害をもたらす鳥獣をしっかりと管理する必要があるとして、国が指定管理鳥獣に指定します。

指定管理鳥獣に指定された野生動物の捕獲や、被害への対策は自治体ごとに行われ、そのために必要となるお金は国が負担します。

そのほかの取り組み

　指定管理鳥獣に指定された野生動物は、捕獲するなどしてその個体数が管理される以外にも、人間とクマが接触しないようにするためのさまざまな取り組みが行われています。

　具体的には、人間が生活する場所にクマが出てこないように追いはらう、森や耕作放棄地の草を刈ったりして、人間とクマの境界となる緩衝地帯を整備することなどです。

　そのほかにも、専門的な知識をもつ人や、クマをつかまえる技術をもった人を育てる、保護区を設置するなど、自治体だけでなく環境省や農林水産省など国の機関も、クマの管理に取り組んでいます。

〈クマの生態にくわしい専門家〉

〈経験豊富なハンター〉

〈自治体や政府機関の連携〉

109

身を守る方法①
出会わないために

出会わないためにはどんな準備が必要？

  ## 出没地域か事前に調べる

　自然が多い場所に遊びに行くときは、まずその地域が、クマが出没する地域かどうかを調べましょう。インターネットで「行こうとしている地域の名前」と「クマ　出没」などと検索すると、その地域にクマが出没するかどうかがわかります。

　「最近、クマが出没した」「クマに人がおそわれた」などの情報が見つかれば、その場所に行くことをやめる判断も大切です。

（ツキノワグマ） ## 自分の位置を伝える （ヒグマ）

ハイキングなどで自然が豊かなところに出かける場合、事前にクマが出没するかを調べておきましょう。出没する情報が見つかれば、クマが活発に行動する早朝や夕方に行くのは避けたほうがよいでしょう。

また、熊鈴など、たえず音が出るものを持っていきましょう。基本的にクマは臆病な性格のため、人間など別の生き物の気配に気づくと、クマのほうからはなれていきます。ただし、クマのなかには音を聞いて寄ってくる個体もいます。

〈音を聞いてにげていく〉

〈音を聞いて近づいてくる〉

食べ残しを放置しない

　山を歩いていてクマの痕跡（くわしくは82〜85ページ参照）などを見つけても、あわてず、さわがずにその場をはなれましょう。

　もし、子グマを見つけても、かわいいからといって近づくのは絶対にやめましょう。距離があるからといって、遠くから撮影するのもやめましょう。ほぼ確実に、近くに母グマがいるので、静かにゆっくりとその場をはなれるようにしましょう。

　その地域から帰るときは、食べ残しなどのごみはすべて持ち帰りましょう。人間にとってはごみでも、それを食べて「おいしい」と学習したクマは、人間に近づくうようになるかもしれないからです。

山から下りてこさせない

食べ物が不足すると、クマは住宅地までやってくることがあります。そのときの体験によって、クマはその後もやってくるかもしれません。

そうならないようにするためには、クマを住宅地に引き寄せてしまう原因となる、食べ物やごみを放置しないことです。とくに強いにおいを出す生ごみは、クマを呼び寄せやすいため、外に放置したり、畑に埋めたりせず、決められた時間に指定された場所に捨てましょう。

また、甘くておいしい実がなる柿や栗の木も、クマを引き寄せる原因になります。これらの木がある場合は、実を放置せずにすべて収穫する、クマが木に登れないよう幹にトタンを巻く、それらの木を切ってしまうといった方法をとりましょう。

パート3 クマと人間がともにいる環境

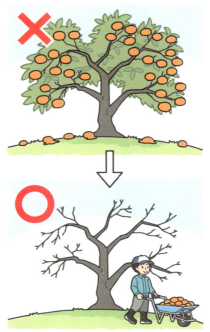

身を守る方法②
出会ってしまったら

もし出会ってしまったら、どうすればいい？

  あわてず、さわがない

　クマと出会ってしまったとき、一番大切なことはあわてず、さわがないことです。そして、クマが自分の存在に気づいているかどうかを確認しましょう。それによって次にどのような行動をとるか変わってきます。

　クマがこちらに気づいていなければ、クマのほうを見ながら気づかれないようにその場からゆっくり、しずかにはなれましょう。

　もしクマがこちらに気づいている場合は、クマに背中を見せず、クマの目を見ながら（ただし、にらまないように）ゆっくりと後ずさりし、クマとの距離をとっていき、その場からはなれましょう。このとき、クマが遠くに見えるくらいまではなれたからと、急に背を向けて走ってはいけません。その様子を見たクマが、追いかけてくるかもしれないからです。

　なぜ、しずかにはなれる必要があるかというと、クマは素早く動くものに興奮したり、にげるものを追う習性があるからです。こわくても急に動いたり走ったりして、クマに刺激を与えるようなことをしてはいけません。

　２人以上で行動している場合も同じです。自分だけ勝手な行動をとらず、まとまって同じ行動をとりましょう。

  屋内などに避難する

　ほとんどのクマは人間に気づくとにげていきますが、まれに、近づいてくるクマがいます。こういったクマは、人間がどのような生き物なのかという興味本位や、人間を攻撃しようという目的で近づいてきている可能性があります。

　もし、近くに車や建物があれば、クマに背中を向けないよう注意しながら、それらの中に避難しましょう。

  近づいてきたら

　近くに避難する場所もなく、クマがゆっくりと近づいてきたとします。そのときの対策として、次のようなものもあります。

　クマのほうを見ながら近くにある岩などに上がり、両腕を体の横でゆっくり大きく上下にふりながら、クマにやさしく語りかけるという方法です。

もし、おそわれたら①

　クマが近づいてきたとします。そのとき、クマ撃退スプレーを持っているのなら、クマの目と鼻ををめがけて噴射しましょう。クマ撃退スプレーには唐辛子の辛み成分が入っており、すぐれた嗅覚をもつクマを追いはらうのに効果的な道具です。

　クマ撃退スプレーはとても有効ですが、クマの目や鼻に向けて噴射しないといけないなど、適切に使わなければ効果はうすまります。そのため、クマ撃退スプレーに書かれている使用上の注意を事前に読んでおきましょう。

　また、スプレーごとに効果範囲（クマに噴射する距離）はことなるため、周囲や風向きに気をつけて、山に入る前などに、一度試しに噴射しておくとよいでしょう。

　ただし、まちがって人間に噴射すると、大きな事故につながる可能性があるので、使う場合にはさまざまな点に注意する必要があります。

クマ撃退スプレーはリュックサックの中ではなく、すぐに使えるように体のどこかに身につけおく。

もし、おそわれたら②

クマ撃退スプレーなどを持っていない場合は、首の後ろで手を組み、地面などにうつぶせになって足を広げ、ひっくり返されないようにしながら、首などの急所を守る防御姿勢をとり、クマの攻撃をやりすごします。このとき、リュックサックを背負った状態でいるとよいでしょう。

実際にクマの襲撃を受けた人の証言によると、リュックサックが背中を守ってくれたという報告があります。

パート3 クマと人間がともにいる環境

もっとしりたい！ 死んだふりは有効？

クマに出会ったら「死んだふり」をすればいい、という話を聞いたことがあるかもしれません。しかしこれは俗説であり、死んだふりをしたからといって、クマが何もしないという科学的な根拠はありません。逆にクマの好奇心を刺激してしまったり、食べ物だと思われてしまったりする可能性があると考えられています。

駆除

どうして駆除する必要があるのか？

  もし駆除をしないと

住宅地に現れて人をきずつける可能性が高まっていたり、人をきずつけたりした場合、そのクマは駆除の対象とされます。

クマが街中に現れたとしても駆除することなく、山に追い返すことができれば理想的といえます。しかし、クマはとても学習能力が高く、街中においしい食べ物があることを知ると、その後、何度でもやってくる可能性があります。

駆除する方法

ツキノワグマ ヒグマ

クマは、箱罠（下のイラストを参照）などによる捕獲、もしくは猟銃の使用によって駆除されます。

「麻酔銃でクマを眠らせて、山に帰せばよいのでは？」と思う人もいるかもしれません。しかし、動きまわる動物に麻酔銃を撃ちこむことはとてもむずかしいうえ、クマのように体が大きな動物の場合、麻酔の効果が現れるまでに時間がかかります。もしかしたら、効果を待つ間に、クマにおそわれる可能性もあります。

なんとか麻酔銃でクマを眠らせても、麻酔が効いているうちに山まで運ぶこともとてもたいへんです。

そのため、これらの方法はいつでも使えるわけではありません。

パート3 クマと人間がともにいる環境

119

狩猟と捕獲

　日本における鳥獣の駆除は、時期・地域・方法などが制限された「狩猟」と、それらの制限がない「許可捕獲」とに分けられます。
　さらに許可捕獲は、次の3つに分けられます。①農林水産物や人間に被害を与える可能性のある鳥獣を対象とした「有害捕獲」、②鳥獣の個体数の管理を目的とした「管理捕獲」、③研究を目的とした「学術捕獲」です。

  駆除の問題点①

　これまでは、クマが住宅地に現れたとしても、警察官の指示がない限り、猟銃を撃つことはできませんでした。
　しかし、クマが住宅地に現れることが急激に増えていることから、2024年7月に環境省は鳥獣保護管理法を改正する方針をまとめました。
　法律が改正されると、街中で大型の動物によって住民が被害を受けるおそれが生じた場合や、建物内にクマが入りこんだ場合、バックストップ（銃弾がどこまでも飛ばないように止めるための構造物）がある、撃った弾がクマや構造物にあたってはね返ることはないなどの条件を満たせば、街中で猟銃を使って駆除できるようになります。

駆除の問題点②

クマを駆除するハンターは、いくつもの問題をかかえています。

日本で狩猟用の銃をあつかうには、狩猟免許試験に合格して、狩猟免許を取得する必要があります。これとは別に、銃を所持するための免許も必要です。そのうえで、自分自身の安全を確保しながら、罠や銃によってクマを駆除するために、何年もかけて高度な技術を身につけ、経験を積む必要があります。

ところが、高度な技術を身につけたハンターが高齢となって次々に引退し、若いハンターにその技術を伝える機会が減っています。1975年には約52万人いたハンターが、2017年には約21万人に減少しています。

費用の問題もあります。ハンターがクマを駆除するには、銃の整備や銃弾の購入、山に向かうための自動車の燃料代など、さまざまな費用がかかります。しかし、自治体から依頼され、命を危険にさらしながらクマを駆除しても、自治体から得らえるお金（報酬）は十分とはいえません。そのため、自治体がクマの駆除の依頼をしても、引き受けられないハンターが最近では増えています。

ハンターの不足などによって、クマをふくむ鳥獣の管理がむずかしくなることをふまえ、2015年に「認定鳥獣捕獲等事業者制度」が導入されました。これは、鳥獣を捕獲する会社や団体が、鳥獣を保護するための正しく適切な知識と技術をもっているかどうかを確認し、認定する制度です。

人間との共存

わたしたちに何ができるのか？

駆除しすぎてしまうと

　クマの数が減れば、農作物や人間の被害が減ります。だからといって、駆除しすぎると、数が急速に減っていき、絶滅してしまうかもしれません。メスグマが一度に産む子どもの数は、それほど多くなく、成長する前に命を落とす子グマも多いからです。

　人間の都合でクマを絶滅させてよいわけではありません。それに、クマは森の生態系の頂点に位置しているので、もしクマが絶滅すると、森の生態系がくずれてしまうかもしれません。

クマについて知る

　それでは、どうすればクマによる被害を減らせるのでしょう。
　有効な方法として、クマについての知識を、わたしたち人間が身につけることがあげられます。どんな場所にクマがいるのか、どんな時間にクマが活動をするのか、そういった知識をもっていれば、クマと出会う可能性を減らすことができ、もし出会ったとしても、たがいにきずつかずにすむ可能性が上がります。

 ## 自治体などの取り組み①

　長野県軽井沢町は、"人とクマの共存を目指す"NPO法人ピッキオに、クマによる被害の対策を委託しています。
　ピッキオは、クマと人間とが出会わない方法のひとつとして、クマに発信器をつけています。発信器によってクマのいる位置を調べることは、クマの生活を知る手がかりとなり、クマが住宅地などに近づいていることがわかれば、事前に対策をとることができます。

自治体などの取り組み②

軽井沢町では、ごみをあさり、その味を覚えてしまったツキノワグマがたびたび出没していました。そこで、軽井沢町が「野生動物対策ゴミ箱」を導入したところ、1999年に100件以上あった被害が、2009年には0件になりました。

長野県松本市には、上高地という自然豊かな地域があります。その一角の小梨平にはキャンプ場などがあり、たびたびツキノワグマが目撃されていました。そのため、キャンプ場の利用者にクマに関する情報を伝えるとともに、食料やゴミが放置されないようきびしく管理し、クマが身をかくしながら移動するのに適した植物を刈りとるなどの対策をとっています。

ヒグマの生息地として知られる北海道の知床半島では、人間の生活圏（道路や住宅の裏の斜面ほか）にヒグマが現れると、花火などを使って遠くへと追いはらう対策を行っています。

ツキノワグマにゴミがあさられないための対策として、NPO法人ピッキオなどが開発し、軽井沢町や北海道の札幌市、森町が導入している「野生動物対策ゴミ箱」。

金属製でじょうぶなうえ、開ける部分がクマの前足やツメだと開けられないしくみになっている。そのうえ、なかのにおいが外にもれないようになっている

命をうばわない対策

　捕獲したクマを森に放つ際に、クマ撃退スプレーをふきかけるなどして人間のこわさを覚えさせる「学習放獣」という方法もあります。そのほかにも、クマの命をうばわないようにする取り組みが行われています。

　そのひとつとして、「ベアドッグ」を使う方法があります。これは、クマのにおいや気配を察知する訓練を受けた犬（ベアドッグ）によって、クマを追いはらうという方法です。

　ベアドッグは人間の指示にしたがって、大きな声でほえてクマをきずつけることなく森の奥に追いはらうほか、クマが移動した経路を特定したり、人間につきそって周囲にクマがいないか確認する（クマを発見した場合はほえて追いはらう）など、さまざまな任務をこなします。

　ピッキオは日本初のベアドッグを長野県軽井沢町で導入し、効果をあげています。

パート3　クマと人間がともにいる環境

にっぽんの クマが見られる全国のの主な動物園

ツキノワグマ ヒグマ は展示されているクマの種類を表しています。
動物園では「ニホン（ニッポン）ツキノワグマ」「エゾヒグマ」などとして展示されています。

エリア	施設名	住所	展示
北海道・東北	札幌市円山動物園	北海道札幌市中央区宮ケ丘3-1	ヒグマ
	旭川市旭山動物園	北海道旭川市東旭川町倉沼	ヒグマ
	秋田市大森山動物園 〜あきぎんオモリンの森〜	秋田県秋田市浜田潟端154	ツキノワグマ
	盛岡市動物公園 ZOOMO	岩手県盛岡市新庄下八木田60-18	ツキノワグマ
	八木山動物公園フジサキの杜（仙台市八木山動物公園）	宮城県仙台市太白区八木山本町1-43	ツキノワグマ
関東	日立市かみね動物園	茨城県日立市宮田町5-2-22	ツキノワグマ ヒグマ
	大宮公園小動物園	埼玉県さいたま市大宮区高鼻町4	ツキノワグマ
	恩賜上野動物園	東京都台東区上野公園9-83	ツキノワグマ ヒグマ
	多摩動物公園	東京都日野市程久保7-1-1	ツキノワグマ
	野毛山動物園	神奈川県横浜市西区老松町63-10	ツキノワグマ
	よこはま動物園ズーラシア	神奈川県横浜市旭区上白根町1175-1	ツキノワグマ
中部	富山市ファミリーパーク	富山県富山市古沢254	ツキノワグマ
	須坂市動物園	長野県須坂市臥竜2-4-8	ツキノワグマ
	長野市茶臼山動物園	長野県長野市篠ノ井有旅570-1	ツキノワグマ
	浜松市動物園	静岡県浜松市中央区舘山寺町199	ツキノワグマ ヒグマ
	のんほいパーク（豊橋総合動植物公園）	愛知県豊橋市大岩町大穴1-238	ツキノワグマ ヒグマ
	名古屋市東山動植物園	愛知県名古屋市千種区東山元町3-70	ツキノワグマ ヒグマ
近畿	京都市動物園	京都府京都市左京区岡崎法勝寺町岡崎公園内	ツキノワグマ
	神戸市立王子動物園	兵庫県神戸市灘区王子町3-1	ツキノワグマ ヒグマ

エリア	施設名	住所	展示
近畿	姫路セントラルパーク	兵庫県姫路市豊富町神谷1434	ヒグマ
中国・四国	池田動物園	岡山県岡山市北区京山2-5-1	ツキノワグマ
	広島市安佐動物公園	広島県広島市安佐北区安佐町動物園	ツキノワグマ
	とくしま動物園 STELLA PRESCHOOL ANIMAL KINGDOM	徳島県徳島市渋野町入道22-1	ツキノワグマ
	わんぱーくこうち アニマルランド	高知県高知市桟橋通6-9-1	ツキノワグマ
九州	福岡市動物園	福岡県福岡市中央区南公園1-1	ツキノワグマ
	大牟田市動物園	福岡県大牟田市昭和町163	ツキノワグマ
	九十九島動植物園 森きらら	長崎県佐世保市船越町2172	ツキノワグマ
	熊本市動植物園	熊本県熊本市東区健軍5-14-2	ツキノワグマ ヒグマ
	鹿児島市平川動物公園	鹿児島県鹿児島市平川町5669-1	ツキノワグマ ヒグマ
	沖縄こどもの国	沖縄県沖縄市胡屋5-7-1	ツキノワグマ

※ 2025 年 2 月時点の情報になります。

参考文献

『ツキノワグマ：すぐそこにいる野生動物』山﨑晃司 著（東京大学出版会）

『ムーン・ベアも月を見ている』山﨑晃司 著（フライの雑誌社）

『日本のクマ―ヒグマとツキノワグマの生物学』坪田敏男・山﨑晃司 編（東京大学出版会）

『ツキノワグマのすべて：森と生きる。』小池伸介 著、澤井俊彦 写真（文一総合出版）

『ヒグマ学入門』天野哲也・増田隆一・間野勉 編著（北海道大学出版会）

『ヒグマ学への招待 自然と文化で考える』増田隆一 編著（北海道大学出版会）

『ものと人間の文化史144 熊』赤羽正春 著（法政大学出版局）

『熊が人を襲うとき』米田一彦 著（つり人社）

※このほか、環境省をはじめ、各自治体などのホームページを参考にしています。

〈写真〉

（P4右上・P4右下）nories7d/PIXTA、（P4下）kuma photo/PIXTA、（P5上）shou/PIXTA、（P5左下）ken_aqua/
PIXTA、（P5右下・P12下）MASATOSHI/PIXTA、（P12上）Kouichi/PIXTA、（P69上）terumin K/PIXTA、（P69下）
くまちゃん/PIXTA、（P74下）Skylight/PIXTA、（P85上）Tozawa/PIXTA、

監修者　山﨑晃司（やまざき・こうじ）

1961年、東京都生まれ。1989年に東京農工大学農学部一般教育部研究生修了。茨城県自然博物館首席学芸員などを経て、東京農業大学地域環境科学部教授。博士（農学）。専門は動物生態学・保全生態学。主な著書に『ツキノワグマ　すぐそこにいる野生動物』（東京大学出版会）や『ムーン・ベアも月を見ている』（フライの雑誌社）などがある。

カバー・本文デザイン	**イヌヲ企画**（高橋貞恩）
イラスト	**佐藤真理子**
執筆	**にっぽんの動物編集部**
図版・DTP・編集協力	**造事務所**
編集	**石沢鉄平**（株式会社カンゼン）

取材協力	**日立市かみね動物園**（山下裕也）、**高柳盛芳**

山﨑晃司……P83・P85下
写真提供　**日立市かみね動物園**（山下裕也）……P63・P68・P74上・P75
NPO法人 ピッキオ……P124

にっぽんのクマ

発行日　　2025年3月21日　初版

監　修　　山﨑 晃司

発行人　　坪井 義哉

発行所　　株式会社カンゼン
　　　　　〒101−0041
　　　　　東京都千代田区神田須田町2−2−3
　　　　　ITC 神田須田町ビル
　　　　　TEL 03（5295）7723
　　　　　FAX 03（5295）7725
　　　　　https://www.kanzen.jp/
　　　　　郵便為替 00150−7−130339

印刷・製本　**株式会社シナノ**

万一、落丁、乱丁などがありましたら、お取り替えいたします。
本書の写真、記事、データの無断転載、複写、放映は、著作権の侵害となり、禁じております。
©Koji Yamazaki ZOU JIMUSHO 2025
ISBN 978-4-86255-746-9　Printed in Japan
定価はカバーに表示してあります。

ご意見、ご感想に関しましては、kanso@kanzen.jp まで E メールにてお寄せ下さい。
お待ちしております。